“十四五”时期国家重点出版物出版专项规划项目

新能源先进技术研究与应用系列

锂离子电池抗外载荷性能研究

郝文乾　著

哈爾濱工業大學出版社

内 容 简 介

本书系统地介绍了锂离子电池在外载荷作用下的力学行为。全书共 7 章，包括绪论、基于不同形函数下锂离子电池的局部凹陷行为研究、触发锂离子电池内部短路行为的影响因素研究、锂离子电池隔膜的本构关系和变形失效研究、聚烯烃隔膜多巴胺改性的制备及性能研究、锂离子电池波纹形外壳的抗载荷能力研究以及总结和工作展望。本书是作者在本领域工作多年的基础上分析总结而成的，其内容覆盖了锂离子电池在服役过程中的知识专题及新能源发展方向。

本书适合高等院校相关专业的研究生和高年级本科生阅读，也可供从事锂离子电池安全性、耐久性、稳定性研究的科技工作者和工程技术人员参考与使用。

图书在版编目（CIP）数据

锂离子电池抗外载荷性能研究 / 郝文乾著. — 哈尔滨：哈尔滨工业大学出版社，2024.9
（新能源先进技术研究与应用系列）
ISBN 978-7-5767-0849-3

Ⅰ. ①锂… Ⅱ. ①郝… Ⅲ. ①锂离子电池-载荷分析 Ⅳ.①TM912

中国国家版本馆 CIP 数据核字（2023）第 101687 号

策划编辑　王桂芝
责任编辑　赵凤娟　刘　威
出版发行　哈尔滨工业大学出版社
社　　址　哈尔滨市南岗区复华四道街 10 号　邮编 150006
传　　真　0451-86414749
网　　址　http://hitpress.hit.edu.cn
印　　刷　哈尔滨市颉升高印刷有限公司
开　　本　720 mm×1 000 mm　1/16　印张 12.25　字数 207 千字
版　　次　2024 年 9 月第 1 版　2024 年 9 月第 1 次印刷
书　　号　ISBN 978-7-5767-0849-3
定　　价　78.00 元

前　言

锂离子电池（lithium-ion battery，LIB）是一种可逆的二次电池，在充电过程中，锂离子从正极化合物中脱出，穿过隔膜，嵌入负极活性物质；在放电过程中，锂离子从负极活性物质中脱出，穿过隔膜，嵌入正极活性物质。锂离子电池具有高能量密度、高输出效率和高充放电效率等优点，是未来最具发展前景的新能源之一。

目前，锂离子电池在脱嵌锂的过程中会产生两方面的机械安全性问题。第一，锂离子电池在脱嵌锂的过程中会产生较大的变形及电池内阻导致的热生成，锂离子电池在工作过程中产生较大的机械应力和热应力，这会造成电池短路和电化学性能的退化。第二，随着锂离子电池在新能源电动汽车、飞行器和潜艇等动力系统中的应用，锂离子电池不可避免地会发生碰撞事故，这些问题直接影响到锂离子电池的耐久性、稳定性及商业化进程。因此，作者自 2016 年起在西北工业大学王峰会教授的指导下开始从事锂离子电池及组件抗外载荷性能的研究工作，并取得一些积极的成果。本书总结了作者多年来的研究成果，力求让读者全面理解锂离子电池及组件的机械安全性问题，并为相关领域的科技工作者和工程技术人员提供参考。

全书共 7 章。第 1 章为绪论，全面介绍锂离子电池及组件在外载荷作用下的国内外研究现状，并讨论了由外界载荷和热失控作用引起的锂离子电池的失效和内部短路的解决策略。

第 2 章为基于不同形函数下锂离子电池的局部凹陷行为研究。基于电芯均质、各向同性和连续性假设与能量守恒原理，建立了含有不同形函数（余弦函数、正弦函数、二次函数、指数函数和对数函数）的理论模型，并得到局部凹陷力、压缩位移和变形区域之间的理论表达式。讨论了电池外壳材料和压头尺寸对锂离子电池力学性能的影响，得到了不同的理论表达式所对应的电池外壳材料和压头尺寸的有效性及其适用范围，并给出了提高锂离子电池抗外载荷能力的电池外壳材料和压头尺寸的最优选择。

第 3 章为触发锂离子电池内部短路行为的影响因素研究。基于电极材料为均质、各向同性材料的假设，通过带有正弦曲线的位移场模型研究了含有不同正极材料的锂离子电池的抗外载荷性能。从电芯的能量吸收角度出发，确定了触发电池内部短路的变形区域范围，对比了含有不同正极材料的锂离子电池的抗外载荷性能。进一步讨论压缩位移、变形区域和塑性应变能 3 个因素对触发锂离子电池内部短路行为的影响，从力学的角度分析得到抗载荷能力最优的正极材料。

第 4 章为锂离子电池隔膜的本构关系和变形失效研究。通过对不同锂离子电池隔膜的力学测试，得到了锂离子电池隔膜在不同应变率下的变形和微屈曲行为。讨论了材料效应、各向异性效应和应变率效应等因素对电池隔膜变形失效的影响。基于大变形行为，通过引入应变率强化系数和柔度系数，建立考虑应变率效应的电池隔模的本构关系和微屈曲模型，并讨论了应变率强化系数和柔度系数对电池隔膜力学性能的影响。

第 5 章为聚烯烃隔膜多巴胺改性的制备及性能研究。将聚多巴胺纳米颗粒均匀沉积在锂离子电池聚烯烃隔膜上，来提高隔膜的离子电导率，增强隔膜与电解液之间的润湿效果，从而提高了电池的电化学性能和力学性能。通过探索聚多巴胺对隔膜表面的自聚合作用机理，研究了聚多巴胺改性隔膜的亲液性能及其与电解液之间的相容性。通过组装 CR2025 纽扣式半电池对聚多巴胺改性隔膜的电化学性能进行了测试，采用电化学阻抗谱来测试隔膜的离子电导率及欧姆阻抗。对改性隔膜进行单轴力学拉伸实验，讨论了各向异性效应和应变率效应对聚多巴胺改性隔膜力学性能的影响。

第 6 章为锂离子电池波纹形外壳的抗载荷能力研究。通过在锂离子电池外壳结构表面引入正弦波纹形状来研究电池外壳在静态和动态载荷作用下的抗载荷能力及能量吸收能力。通过在理论模型中引入偏心因子和振幅因子并考虑材料的应变强化效应，建立了波纹外壳的塑性屈曲理论模型，得到了能量吸收、压溃力的理论解析解。

第 7 章为总结和工作展望。总结了本书主要的研究内容和研究结果，并对锂离子电池及组件在外载荷作用下的机械安全性问题的研究提出了展望。

特别感谢西北工业大学王峰会教授、赵翔副教授在研究中给予的指导和支持。感谢西北工业大学姚尧教授、荀文选教授，西北大学郑茂盛教授，中国人民解放军空军工程大学张忠平教授，天津大学仇巍教授和西安交通大学左宏教授在研究中的指导和建议。感谢西北工业大学邓子辰教授、长安大学尹冠生教授、湖南大学姚如洋博士后、吉林大学梁鸿宇博士在研究中给予的帮助。感谢中北大学原梅妮教授、李立州教授、徐鹏教授、陈鹏云副教授、张鹏讲师、路宽讲师在研究中给予的帮助和建议。感谢西北工业大学和中北大学在研究过程中给予的支持。

本书的研究和撰写得到了国家自然科学基金项目（项目编号：11372251、11572253、11972302 和 12202407）、西北工业大学博士论文创新基金（项目编号：CX201831）、地下目标毁伤技术国防重点学科实验室开放研究基金（项目编号：DXMBJJ2021-03）和山西省基础研究计划（自由探索类）项目（项目编号：20210302124263）的资助，在此表示衷心的感谢。

本书在撰写过程中参考了许多国内外相关文献和资料，在此向参考文献的作者表达最诚挚的谢意。

非常希望能献给读者一本新能源行业和锂离子电池领域既有前沿理论又重视工程实践的好书，但由于作者水平有限，书中难免存在疏漏及不足之处，敬请各位专家、学者和读者批评指正。

作　者

2024 年 8 月

目　　录

第1章　绪　　论

1.1　概　　述

人类文明的发展史就是一部能源利用的发展史。进入21世纪，随着移动设备、电动汽车、能源互联网、人工智能等领域的发展，以环境为代价、化石能源为动力来源的时代早已经被新人类文明所诟病，发展新型绿色能源成为刻不容缓的任务。太阳能、风能、潮汐能等清洁能源由于受自然条件的限制，无法像化石能源一样具有稳定性和连续性，因此，清洁能源的利用需要发展高性能、可重复充放电的电能储存装置——电池。从1800年意大利科学家伏特发明第一套电源装置开始，人们开始认识到电池是可以把其他形式的能量通过电化学反应（氧化还原反应）转变为电能的装置，从此人类开始对电池进行更加深入的研究。随后，丹尼尔电池（1836年）、铅酸电池（1859年）、碳锌电池（1859年）、镍镉电池（1899年）、镍铁电池（1901年）、银锌电池（1932年）、燃料电池（1959年）、锂离子电池（1973年）、锂空气电池（2012年）和锂硫电池（2013年）等一系列电池及相应技术相继出现，电池产业迅速发展起来（图1.1）。锂元素（Li）处于元素周期表中碱金属位置，是密度最小（相对原子质量为6.94，密度为0.53 g/cm^3）、氧化还原电位最低（相对标准氢电极Li^+/Li的电位为−3.04 V）、质量能量密度最大（质量比容量为3 860 mAh/g，体积比容量为2 060 mAh/cm^3）的金属，因此锂离子电池具有工作电压高（平均3.7 V）、体积小（比镍氢电池小30%）、质量轻（比镍氢电池轻50%）、比能量高（140 Wh/kg，是镍镉电池的2～3倍，是镍氢电池的1～2倍）、低自放电率（每年低于20%）、无记忆效应、无污染、长循环寿命等优点，在便携式电子产品、电动汽车、植入式医疗设备中得到广泛应用。

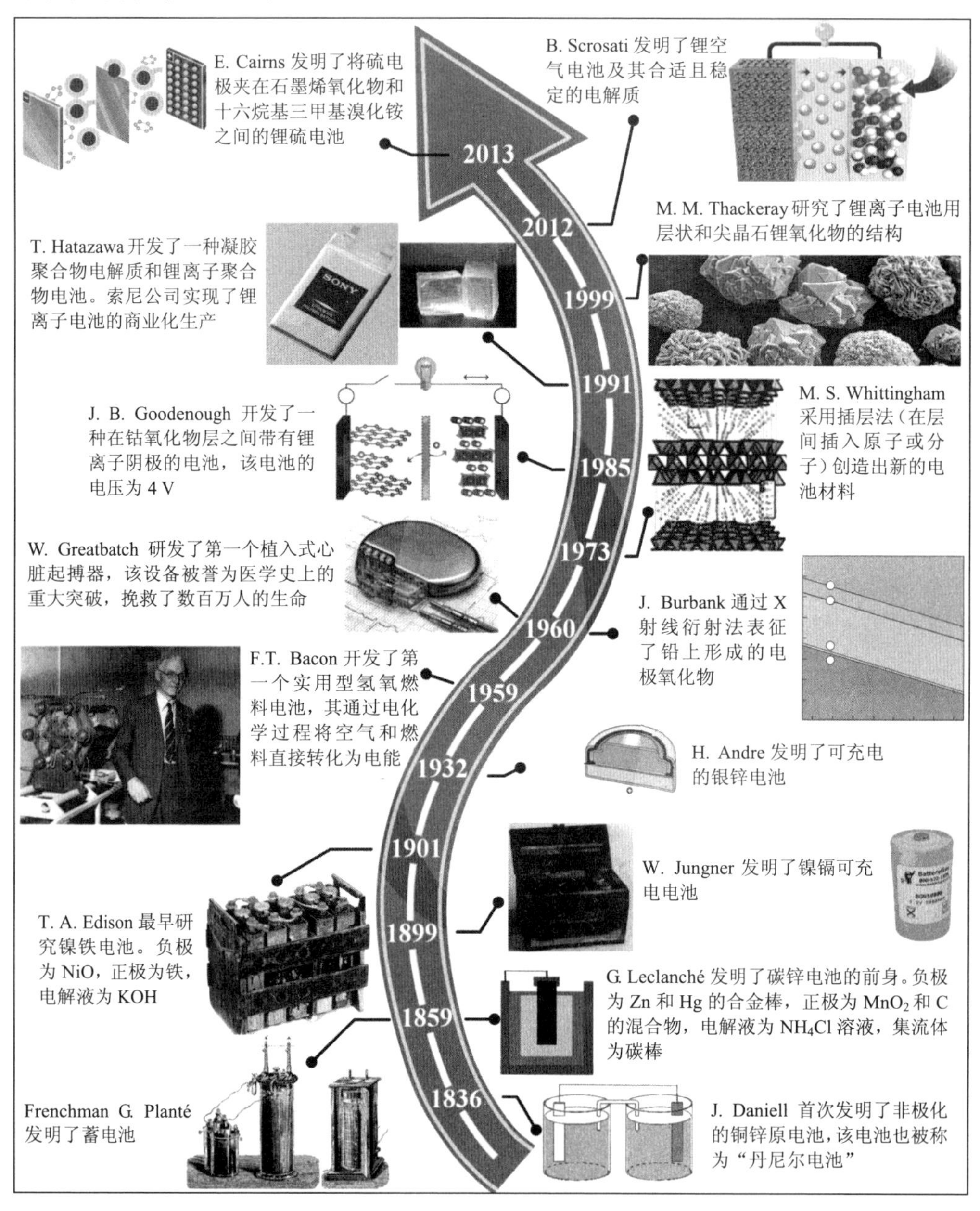

图 1.1　电池在过去几十年的发展历程

1958 年，“锂离子一次电池”构想的提出，开启了锂电池研究的时代。20 世纪 70～80 年代，“锂离子二次电池”概念逐渐出现，锂电池的负极主要是金属锂或者锂合金。在电化学循环过程中，活泼的金属锂会和电解液反应，并在表面生成一层固态电解质界面（solid electrolyte interface，SEI）膜。SEI 膜的厚度和稳定性会影响锂离子在界面上的传输，决定电池的电化学性能。此外，锂离子会在锂金属表面不均匀地溶出和沉积，导致锂在电极活性点位置快速沉积，产生类似树枝一样的“锂枝晶”。锂枝晶发展到一定程度会在靠近基体部位溶解，使得锂枝晶与电极基体脱离，成为失去电化学活性的“死锂”，导致电极比容量下降。最主要的问题是，锂枝晶的大量生长会刺破电池隔膜，使正极和负极接触，造成电池内部短路（internal short circuit，ISC），引起电池内部大电流放电，导致热失控，甚至发生燃烧、爆炸等严重的安全事故。

值得关注的是，Whittingham 发现，碱金属离子具有在无机化合物的晶格中可逆地嵌入和脱出的性质，可以用来解决锂离子电池中锂枝晶的问题。这些无机化合物被称为宿主材料，大多为过渡金属氧化物或硫化物，晶格结构稳定并具有特殊的层状或隧道结构。通过电子得失，锂离子可以嵌入或脱出宿主材料的晶格，形成的化合物成为插层化合物。如果锂电池的正负极分别使用合适的可以嵌、脱锂离子的宿主材料，那么整个电池的循环过程就是锂离子在两极间的嵌入和脱嵌过程，也就是锂离子从正极到负极或从负极到正极的定向迁移过程，就像“摇椅式电池”构想一样，这从理论上解决了锂枝晶的问题。此外，随着尖晶石结构的 $LiMO_2$（M 为 Co、Ni、Mn、Fe 和 W 等）等正极材料和石墨负极材料的发现，锂离子电池的库伦效率、工作电压和比能量也得到大幅提高，但是尖晶石结构的电极材料仍然存在锂离子扩散速度慢、大电流放电性能差、制备工艺复杂等问题。因此，Padhi 等发现了一种具有橄榄石结构的磷酸盐，如磷酸铁锂（$LiFePO_4$）、磷酸锰锂（$LiMnPO_4$），其比 $LiCoO_2$ 更安全，具有很好的耐高温性能。

近年来，人们为了摆脱对化石能源的依赖，加大了对绿色清洁能源的开发力度，因此，锂离子电池在便携式电子产品、电动交通工具和清洁能源存储等领域迅速发展。但是，锂离子电池会发生内部短路、燃烧、爆炸等危险，因此，研究人员在大力寻求高能量密度、高输出效率和高充放电效率锂离子电池的同时，要特别关注锂离子电池的抗外载荷能力和安全性问题。

1.2 锂离子电池

1.2.1 锂离子电池的工作原理

锂离子电池是一种可逆的二次电池，其工作原理示意图如图 1.2 所示。在充电过程中，锂离子从正极化合物中脱出，通过电解液穿过隔膜，嵌入负极活性物质的晶格中，正极处于高电位的贫锂态，负极处于低电位的富锂态，在电池外部电子由外电路迁移到负极；在放电过程中，锂离子从负极活性物质中脱出，通过电解液穿过隔膜，嵌入正极活性物质中，负极处于高电位的贫锂态，正极处于低电位的富锂态，在电池外部电子由外电路迁移到正极。为保持电荷平衡，充、放电过程中外电路电子和锂离子一起在正负极间迁移，使正负极分别发生氧化还原反应，所以锂离子电池又称为“摇椅式电池”。锂离子电池的电化学表达式为

正极反应

$$\mathrm{LiMO}_m \underset{\text{放电}}{\overset{\text{充电}}{\rightleftharpoons}} \mathrm{Li}_{1-x}\mathrm{MO}_m + x\mathrm{Li}^+ + xe^- \tag{1.1}$$

负极反应

$$\mathrm{C}_n + x\mathrm{Li}^+ + xe^- \underset{\text{放电}}{\overset{\text{充电}}{\rightleftharpoons}} \mathrm{Li}_x\mathrm{C}_n \tag{1.2}$$

电池总反应

$$\mathrm{LiMO}_m + \mathrm{C}_n \underset{\text{放电}}{\overset{\text{充电}}{\rightleftharpoons}} \mathrm{Li}_{1-x}\mathrm{MO}_m + \mathrm{Li}_x\mathrm{C}_n \tag{1.3}$$

其中，正极材料中 M 为 Co、Ni、Mn、Fe、V 和 W 等；负极材料 Li_xC_n 为石墨化结构的碳材料，此外还有 TiS_6、WO_3、NbS_2、V_2O_5 等化合物。

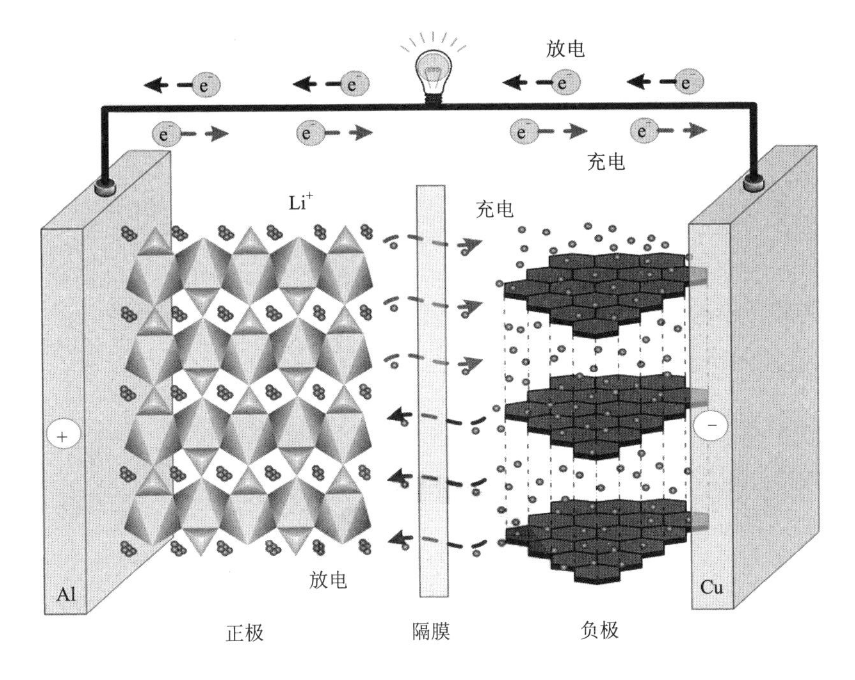

图1.2　锂离子电池的工作原理示意图

1.2.2　锂离子电池的分类和特点

锂离子电池从形态上划分，一般可以分为圆柱形锂离子电池、方形锂离子电池和聚合物锂离子电池（图1.3）。

（a）圆柱形锂离子电池

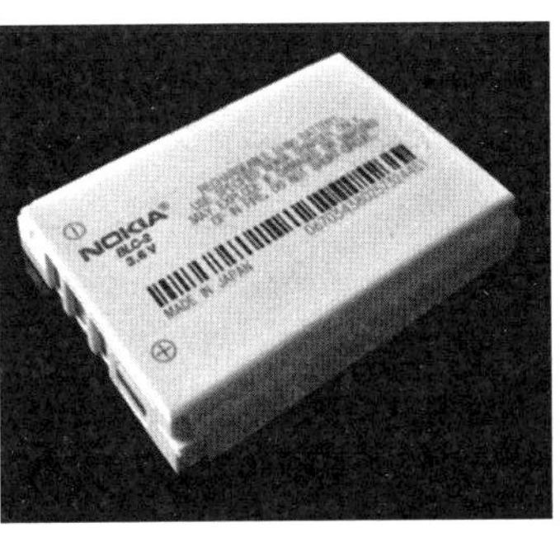

（b）方形锂离子电池

（c）聚合物锂离子电池

图1.3　从形态上划分的锂离子电池

圆柱形锂离子电池是传统的卷绕式电池，其具有生产效率高、一致性高等优点。缺点是圆柱形会使电池的空间利用率低、径向导热差，从而导致温度分布不均匀的问题；单体容量较小，在实际应用中需要大量的电池组成电池模组和电池块，连接损耗和管理复杂度都大大增加。方形锂离子电池和聚合物锂离子电池与圆柱形锂离子电池相比，其优点在于：

（1）外壳材料所用的铝壳或者铝塑壳的厚度很薄，散热性能高。

（2）多极片堆叠在一起，表面平整，电流密度均匀性好。

（3）极片厚度很薄，电池组成电池模组容易，空间利用率高。

（4）铝塑壳较轻，可以降低电池质量和减小体积。

不同构型的锂离子电池的优缺点见表 1.1。

表 1.1　不同构型的锂离子电池的优缺点

形状	外壳材料	电极布置	制造工艺	优点	缺点
圆柱形	钢壳		卷绕	成本低；工艺成熟；一致性好	散热差；质量较大；比能量低
方形	铝壳		卷绕	散热性好；成组设计容易；可靠性好；含防爆阀，安全性好；硬度好，刚性强	尺寸固定；成本高；可选择的型号多
聚合物	铝塑壳		堆叠	尺寸可变化；比能量高；内阻小；质量轻	机械强度差；封装工艺难；无防爆阀；一致性差；成本高

1.3　锂离子电池的机械安全性研究现状

对于锂离子电池的研究涉及很多方面。锂离子电池在多尺度（从 10^{-10}～10 m）和多学科（包括材料科学、能源工程、力学、电化学、物理学等）下的力学行为、电化学性能和热响应如图 1.4 所示。从纳米尺度和微观尺度（10^{-10}～10^{-8} m）的研究角度来说，主要涉及电极材料的纳米结构性能、晶体结构、离子扩散机理和分子动力学等方面的研究；从电池组件和单体电池（10^{-6}～10^{-4} m）的研究角度来说，主要涉及电池组件和结构的本构关系、内部短路、电化学性能和机械安全性能等方面的研究；从电池模组和电池组系统（10^{-2}～10 m）的研究角度来说，主要涉及电池模组和系统的结构安全性、热稳定、电化学性能和结构优化设计等方面的研究。对于锂离子电池在多尺度下的研究，其在外载荷作用下的机械安全性问题是一个非常重要的问题，该问题影响到锂离子电池的耐久性和稳定性。因此，有必要对锂离子电池的机械安全性问题进行研究。

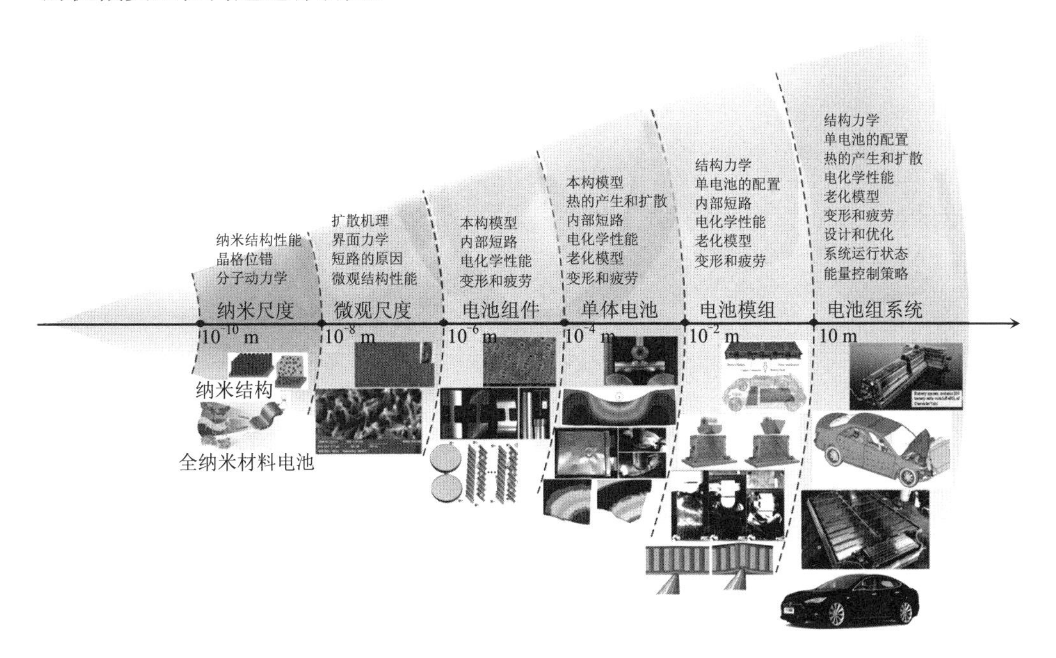

图 1.4　锂离子电池在多尺度和多学科下的力学行为、电化学性能和热响应

锂离子电池在脱嵌锂的过程中会产生两方面的机械安全性问题。第一，锂离子电池在脱嵌锂的过程中会产生较大的变形以及电池内阻导致的热生成；锂离子电池在工作过程中会产生较大的机械应力和热应力，这会造成电池短路和电化学性能退化。第二，随着锂离子电池在新能源电动汽车、飞行器和潜艇等动力系统中的应用，动力锂离子电池不可避免地会发生碰撞事故，这极大地制约了锂离子电池的发展和应用。2008—2013 年关于锂离子电池发生火灾和碰撞的事故统计见表 1.2。

表 1.2　2008—2013 年关于锂离子电池发生火灾和碰撞的事故统计

序号	时间	发生国家	应用领域	正极材料	负极材料	事故
1	2008-06	日本	戴尔笔记本	$LiCoO_2$	石墨	因为过热着火 5 min
2	2009-07	中国	货运飞机	$LiCoO_2$	石墨	在飞往美国的过程中发生火灾
3	2010-01	中国	电动公交车	$LiFePO_4$	石墨	由于过热引起火灾
4	2010-09	阿联酋	波音747-400F	$LiCoO_2$	石墨	由于过热引起火灾
5	2011-04	中国	众泰 M300 轿车	$LiFePO_4$	石墨	由于绝缘损坏，锂离子电池组发生内部短路
6	2011-06	美国	雪佛兰轿车	$LiMn_2O_4$	石墨	侧面撞击损坏了冷却系统和电池模组
7	2011-07	中国	电动公交车	$LiFePO_4$	石墨	由于过热引起火灾
8	2012-05	中国	比亚迪 e6	$LiFePO_4$	石墨	电动出租车被一辆 GT-R 跑车从尾部以极快的速度撞击，内部短路引起了电弧
9	2013-01	美国	波音 787	$LiCoO_2$	石墨	辅助动力装置的锂离子电池组由于发生内部短路而引起火灾
10	2013-01	日本	波音 787	$LiCoO_2$	石墨	波音 787 飞机驾驶舱仪表板下方的电池因内部短路起火
11	2013-03	日本	三菱电动车	$LiMn_2O_4$	石墨	在充放电实验中，车辆因短路起火
12	2013-10	美国	Model S 轿车	$LiCoO_2$	石墨	电动车受到一个大型金属物体的撞击，造成车底损坏
13	2013-10	墨西哥	Model S 轿车	$LiCoO_2$	石墨	电动车与混凝土墙相撞
14	2013-11	美国	Model S 轿车	$LiCoO_2$	石墨	电动车在公路上与拖车相撞，造成车辆下方损坏

综合近年来锂离子电池的事故，主要原因为：

（1）锂离子电池内部发生热失控导致内部短路而引发火灾。

（2）锂离子电池在剧烈碰撞挤压下发生大变形而导致电池发生结构内部失效和性能退化。

因此，有必要对锂离子电池以及组件的机械安全性问题进行研究。

由外界载荷、热失控引起的锂离子电池的失效和内部短路的解决策略如图 1.5 所示。

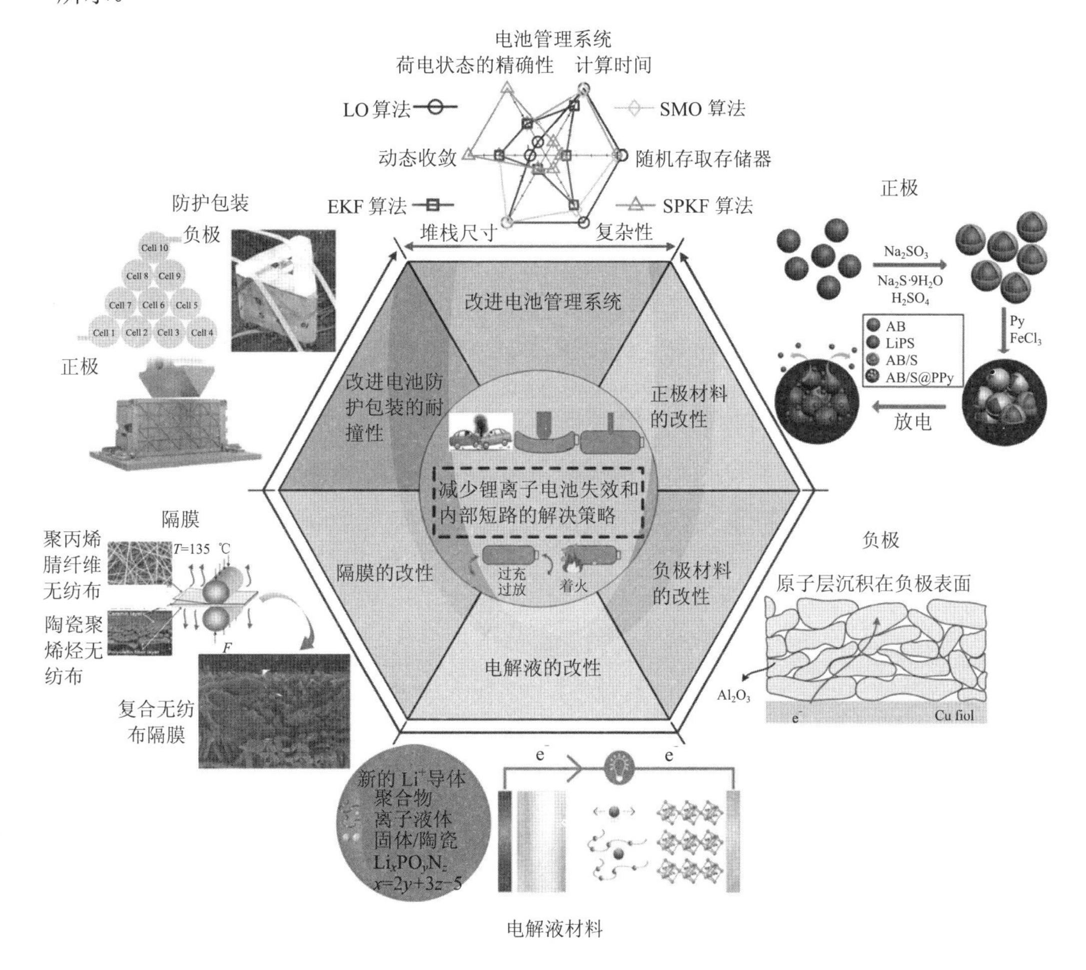

图 1.5　由外界载荷、热失控引起的锂离子电池的失效和内部短路的解决策略

减少锂离子电池失效和内部短路的解决策略，主要可以从以下 6 个方面考虑：

（1）通过对正极材料进行改性，来提高正极材料的电化学性能和力学稳定性。

（2）通过对负极材料进行改性，来减少在负极界面产生的 SEI 膜，降低隔膜被刺穿的可能性。

（3）通过改进电解液的化学稳定性来提高电池性能和适应性，降低自燃风险。

（4）采用不同的改性工艺对电池隔膜进行物理、化学等方面的改性来提高电池隔膜的电化学性能和力学强度。

（5）通过设计不同的电池外壳、电池堆叠方式、电池组包装来提高电池的抗载荷能力和能量吸收能力。

（6）改进和优化电池管理系统，在不牺牲电池稳定性和耐久性的前提下，使电池整体工作效率达到理想状态。

锂离子电池的机械安全性是指电池在受到外界机械载荷作用时能够维持电池原有的结构形态和正常电化学功能的性质。锂离子电池在受到外界机械载荷作用时结构产生大变形，从而导致内部组分材料失效，包括正、负极材料或隔膜断裂，造成正极和负极材料直接接触而引发内部短路；内部短路产生大量的热量从而导致电池中的材料分解，电池内部压强迅速增加与聚集，与此同时产生热逃逸现象；当电池达到结构承载极限时可能会引发失火与爆炸。因此，锂离子电池的机械安全性问题引起了国内外众多学者的广泛关注。许多研究学者对圆柱形和聚合物锂离子电池进行实验研究、数值模拟和理论分析，研究其在平面压缩、压痕、三点弯曲、针刺和落锤等外界载荷作用下的力学行为，得到了锂离子电池在不同工况下的力学特性参数。Ardeev 等对圆柱形锂离子电池在横向冲击载荷下的力学行为进行了实验、理论和有限元研究，基于可压碎泡沫的材料本构模型，对比研究了电芯的两种均质化建模方法对电池模组结构安全性的影响。Greve 等对圆柱形 18650 锂离子电池进行了横向压缩、局部压痕和三点弯曲实验研究，实验结果表明锂离子电池的内部短路是电芯破坏导致的。另外，采用基于 Mohr-Coulomb 强度准则的经典应力判据来预测电芯的破坏和内部短路的发生，结果表明 Mohr-Coulomb 强度准则可以准确地预测电芯裂纹产生的位置及产生裂纹前的位移。Sahraei 等和 Wierzbicki 等基于实验结果，将 18650 圆柱形锂离子电池内芯假设为均质可压碎泡沫材料，并建立相应的有限元模型。结果表明，所建立的模型能够准确地表征电池的力学行为。Sahraei 等对聚合物锂离子电池进行了准静态平面压缩、球形压痕、三点弯曲和压杆稳定等力学实验，通过将电芯假设为均质各向同性可压缩泡沫材料建立电池的有限元模型，该模型可以预测聚合物锂离子电池在外界载荷作用下触发电池内部短路的载荷-位移响应。Ali 等和 Lai 等通过将内芯假设为代表体积单元（representative volume element，RVE）建立了电池的有限元模型，并讨论了平面准静态压缩下电池的变形和失效模式。此外，Sahraei 等以各向异性泡沫材料建立锂离子电池模型，采用最大主应变的失效准则来预测电池在外载荷作用下的失效情况。

上述研究的重点集中在电池内芯的力学特性和本构关系上，对电池外壳的力学特性和保护作用的研究较少。部分学者对电池外壳进行了准静态或者动态实验研究。一般来说，压缩、压痕和弯曲实验可用于表征整体电池外壳的力学性能。Zhang 等通过设计不同形状的试件，来研究圆柱形 18650 锂离子电池外壳在不同加载情况下的塑性行为和断裂形式，这些试件包括中心孔、蝶形孔。结果表明，在某些加载方式下，电池外壳变形模式与电池整体的变形非常相似，说明外壳在某些加载方式下起到了主要抵抗变形的作用。Sahraei 等通过有限元模型研究了预测圆柱形锂离子电池外壳裂纹产生和扩散的方法，发现电池最容易破坏的位置位于电池之间的连接处。Wierzbicki 也对圆柱形 18650 锂离子电池的外壳和端帽进行了加载实验研究。此外，Zhu 等通过对电动汽车电池组外壳设置不同的防护板来研究防护板抵御地面冲击的能力，结果表明防爆自适应夹芯防护板是减小电池变形的最有效结构。研究学者通过对圆柱形锂离子电池各组分的实验研究和理论分析，结果表明采取一些控制策略可以降低电池失效的风险。对于电池外壳的动态力学性能，当应变率低于 $10^3\ s^{-1}$ 时，一般采用落锤实验对电池壳体材料的动态特性进行测量；当应变率为 $10^3 \sim 10^4\ s^{-1}$ 时，一般采用霍普金森拉杆对电池壳体材料的动态特性进行测量。许多学者对圆柱形外壳在轴向载荷作用下的变形情况进行了研究，得到的产生轴对称变形模态的平均压溃力表达式如下。

Alexander 得出的表达式为

$$\frac{P_{\mathrm{m}}}{M_{\mathrm{p}}}=20.73\sqrt{\frac{D}{h}}+6.283 \tag{1.4}$$

式中 P_{m}——平均压溃力；

M_{p}——单位周向长度的塑性极限弯矩；

D——圆柱外壳的直径；

h——圆柱外壳的壁厚。

Abramowicz 和 Jones 得出的表达式为

$$\frac{P_{\mathrm{m}}}{M_{\mathrm{p}}}=20.79\sqrt{\frac{D}{h}}+11.90 \tag{1.5}$$

Singace 等得出的表达式为

$$\frac{P_{\mathrm{m}}}{M_{\mathrm{p}}}=22.27\sqrt{\frac{D}{h}}+5.632 \tag{1.6}$$

以上研究表明，对于给定的径厚比$\frac{D}{h}$值，正则化压溃力$\frac{P_{\mathrm{m}}}{M_{\mathrm{p}}}$与$\left(\frac{D}{h}\right)^{0.5}$成正比。由于波纹形外壳具有降低初始峰值力和提高能量吸收的优点，因此将波纹形外壳作为电池的防护外壳是非常有必要的，但是国内外学者对于波纹形外壳轴向准静态和动态压缩下变形情况的理论研究较少。

1.4 锂离子电池隔膜的研究现状

隔膜是锂离子电池的四大组成部分之一，位于电池的正极和负极之间，其在维持锂离子电池的机械完整性方面具有很重要的作用。隔膜在锂离子电池的工作过程中主要有两个作用：

（1）将正负极分隔开，使两者不直接接触，防止锂离子电池内部短路。

（2）通过材料结构中相互连接的孔隙，使液态电解质中的锂离子可以自由穿梭于正负极之间。

隔膜是一种多孔且各向异性的有机高分子材料，其主要以聚乙烯（PE）、聚丙烯（PP）和聚丙烯/聚乙烯/聚丙烯（PP/PE/PP）为主。许多研究学者对隔膜的力学性能做了相关的力学实验，包括拉伸实验、蠕变实验和 DMA（动态热机械分析法）实验等。Xu 等对两种商业化隔膜 Celgard 2400 和 Celgard 2340 在应变率 0.01 s^{-1}～50 s^{-1} 下进行了拉伸试验，并且通过 DMA 实验研究了隔膜在不同温度和频率下的黏弹性效应。Zhang 等通过单轴和双轴拉伸实验研究了锂离子电池 PP/PE/PP 隔膜的力学性能，并且研究了不同尺寸的聚四氟乙烯冲头对堆叠样品的厚度变形行为的影响。Kalnaus 等研究了 3 种锂离子电池隔膜 Celgard 2325、Celgard PP2075 和 DreamWeaver Gold40 在不同方向的轴向拉伸性能，研究了 3 种隔膜在不同应变率下的失效行为，研究表明商业化隔膜整体存在强度不够及韧性不足的缺点。前人的研究为了解隔膜在外载荷作用下的力学行为提供了坚实的基础。但是目前对于计及应变率效应的隔膜本构关系和微屈曲变形行为的研究较少。

此外，基于普通商业化隔膜的收缩性能、力学性能和吸液能力都存在不足的现状，并且普通隔膜对锂离子电池的刚度、强度和稳定性存在制约作用，为了解决隔膜存在的热收缩严重和力学性能不足的问题，需要对隔膜的物理化学工艺，包括辐射、化学浸渍、层间喷涂、固相沉积等进行功能改性。研究学者采用不同的方法，如等离子改性接枝、紫外线辐射、电子束辐射等对隔膜进行改性，来提高隔膜的电化学性能和力学性能，但是这些改进方法需要昂贵的设备及复杂的程序。除了以上改性方法，在微孔隔膜的表面涂覆一些改性粒子也是一种重要的改性方法。基于聚氧化乙烯（PEO）凝胶态具有膨胀性，Li 等制备了含有 PEO 涂层的聚丙烯隔膜来提高隔膜的离子电导率和电解液吸收能力。Shi 等通过甲基丙烯酸甲酯（MMA）单元体接枝法将聚甲基丙烯酸甲酯（PMMA）层固化到 PE 隔膜上，来提高电解质吸收率和离子电导率，研究结果表明，隔膜具有很高的充放电速率和较好的循环性能。

因此，通过一定的物理和化学改性的方法明显可以提高隔膜的力学性能及电化学性能。

1.5 本书研究工作

锂离子电池在受到外界载荷作用下会产生很大的结构变形，而掌握电池内部的变形机理和相关的理论模型亟待解决；电池外壳作为保护电池内部结构安全的第一道屏障，其抗外载荷能力直接影响锂离子电池的安全性和耐久性；隔膜作为分隔正极和负极的关键组件，其力学性能直接影响锂离子电池是否发生内部短路。基于以上对锂离子电池的机械安全性和锂离子电池隔膜的现状概述可知，电池及组件在外载荷作用下的机械安全性问题是其中一个非常重要的问题，该问题影响到锂离子电池的耐久性和稳定性。因此，有必要对锂离子电池及组件的机械安全性问题进行研究。为此，本书通过对锂离子电池及组件在外载荷作用下的机械安全性进行研究，提出减少电池内部短路故障、提高电池抗外载荷能力的方法。本书通过理论推导、数值模拟和实验研究的方法，主要研究了以下内容：

（1）为了研究锂离子聚合物电池在外载荷作用下触发电池内部短路的局部凹陷行为，本书基于电芯均质、各向同性、连续性假设和能量守恒原理，建立了含有不同形函数的理论模型，并得到局部凹陷力、压缩位移和变形区域之间的理论表达式。讨论了电池外壳材料和压头尺寸对锂离子电池力学性能的影响，得到了不同的理论表达式所对应的电池外壳材料和压头尺寸的有效性与适用范围，并给出了提高锂离子电池抗外界载荷能力的电池外壳材料和压头尺寸的最优选择。

（2）基于电极材料为均质、各向同性的假设，通过带有正弦曲线的位移场模型研究了含有不同正极材料的锂离子电池的抗外载荷性能。从电芯的能量吸收角度出发，确定了触发电池内部短路的变形区域范围，对比了含有不同正极材料的锂离子电池的抗外载荷性能。进一步讨论压缩位移、变形区域和塑性应变能 3 个因素对触发锂离子电池内部短路行为的影响。从力学的角度分析得到抗外载荷能力最优的正极材料。

（3）通过对不同的锂离子电池隔膜的力学测试，得到锂离子电池隔膜在不同应变率下的变形和微屈曲行为。讨论了材料效应、各向异向效应和应变率效应等因素对电池隔膜变形失效的影响。此外，基于大变形行为，通过引入应变率强化系数和柔度系数，建立电池隔膜计及应变率效应的本构关系和微屈曲模型，并讨论了应变率强化系数和柔度系数对电池隔膜力学性能的影响。

（4）采用浸泡法将聚多巴胺纳米颗粒均匀沉积在锂离子电池聚烯烃隔膜上，来提高隔膜的离子电导率，增强隔膜与电解液之间的润湿效果，从而提高电池的电化学性能和力学性能。采用热重法、差示扫描量热法和热收缩率测试来表征改性隔膜的热稳定性和热收缩率。通过探索聚多巴胺对隔膜表面的自聚合作用机理，来研究聚多巴胺改性隔膜的亲液性能及其与电解液之间的相容性。通过组装 CR2025 纽扣式半电池对聚多巴胺改性隔膜的电化学性能进行了测试，采用电化学阻抗谱来测试隔膜的离子电导率及欧姆阻抗。对改性隔膜进行单轴力学拉伸实验，讨论了各向异性效应和应变率效应对聚多巴胺改性隔膜力学性能的影响。

（5）为了研究锂离子电池外壳的缓冲吸能能力，通过在锂离子电池外壳结构表面引入正弦波纹来研究电池外壳在静态和动态载荷作用下的抗载荷能力与能量吸收能力。通过在理论模型中引入偏心因子和振幅因子并考虑材料的应变强化效应，建立波纹外壳的塑性屈曲理论模型，得到了能量吸收、压溃力的理论解析解。通过理论结果可以预测波纹结构在轴向载荷下的平均压溃载荷和能量吸收性能。

第2章 基于不同形函数的锂离子电池的局部凹陷行为研究

2.1 概 述

锂离子聚合物电池单元主要由铝塑外壳、若干层正极、负极和微孔聚合物隔膜组成。正极和负极材料分别涂覆在铝箔和铜箔集电器上。微孔聚合物隔膜置于正极与负极之间来防止两极发生接触而造成内部短路，此外，在电化学反应时，能保持必要的电解液，形成离子移动的通道使锂离子通过。整个锂离子电池用铝塑外壳包裹。随着锂离子电池在工程领域的广泛应用，锂离子电池在一定载荷下的力学性能（压缩、局部凹陷、针刺、弯曲、动态冲击）和电化学行为（外部和内部短路、充/放电能力）与工程结构或者乘客的安全息息相关。此外，单个电池的力学性能和电化学性能是整个电池系统的基础。因此，有必要研究引发锂离子聚合物电池内部短路的力学行为。

许多学者对锂离子聚合物电池的力学性能和电化学性能进行了研究。在数值模拟方面，可以通过采用完全刚塑性夹芯模型、双线性硬化模型或可压碎泡沫材料模型等假设，对锂离子聚合物电池的力学性能进行数值预测。许多研究人员假设锂离子聚合物电池为由电芯和铝塑外壳组成的夹芯结构，其中电芯包含若干层铝箔和铜箔集电器、正极、负极、隔膜，因此均质可压碎泡沫材料模型可以用来描述锂离子聚合物电池的电芯。均质可压碎泡沫材料模型是由 Deshpande 和 Fleck 研究得到的扩展模型。Sahraei 等、Kumar 等通过采用含有均质可压碎泡沫材料假设的夹芯模型对锂离子聚合物电池在不同加载条件下的力学性能和引起电池短路的行为进行了数值模拟与实验研究。研究结果表明，均质可压碎泡沫材料的数值模型能够很好地预测电池的载荷-位移关系和变形轮廓。对于前人研究的夹芯结构的局部凹陷理论模型，理论变形场或速度场可以通过定义形函数得到，但是载荷-位移的理论结果主要集中于弹性阶段。此外，现阶段对于锂离子聚合物电池在外载荷作用下的局部凹陷行为和触发电池内部短路的力学条件的研究仅局限于压缩实验，并且关于电池材料性能和电池几何结构对局部凹陷行为影响的理论研究依然很少，对于含有不同形函数的理论模型的应用范围也没有学者进行研究。

因此，为了研究锂离子聚合物电池在外载荷作用下触发电池内部短路的局部凹陷行为，本章基于电芯均质、各向同性和连续性假设、能量守恒原理，建立了含有不同形函数（余弦函数、正弦函数、二次函数、指数函数和对数函数）的理论模型，并得到局部凹陷力、压缩位移和变形区域之间的理论表达式。通过将理论结果与前人的实验结果进行比较，来验证理论模型的准确性。此外，本章研究了压缩位移对变形区域和局部凹陷力的影响，讨论了电池外壳材料和压头尺寸对锂离子电池力学性能的影响，得到了不同的理论表达式所对应的电池外壳材料和压头尺寸的有效性与适用范围，并给出了提高锂离子电池抗外载荷能力的电池外壳材料和压头尺寸的最优选择。

2.2　局部凹陷和触发电池内部短路机理

2.2.1　局部凹陷机理

锂离子聚合物电池在准静态球形压头载荷 P 作用下的局部凹陷示意图如图 2.1 所示，球形压头的半径为 r，电池的长度为 L_1、宽度为 L_2，本书假设压头半径远远小于电池的几何尺寸。电池总厚度为 $t=2h+c$，由铝塑外壳和电芯（若干层铝箔和铜箔集电器、正极、负极、隔膜）组成，厚度分别为 h 和 c。

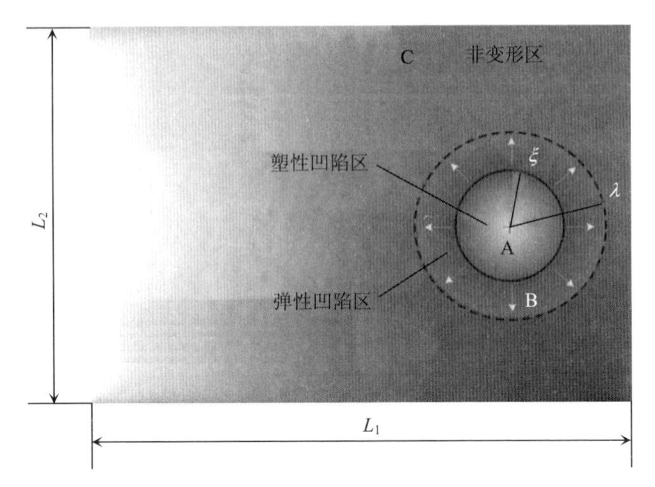

（a）塑性凹陷区（区域 A：$r \leqslant \xi$），弹性凹陷区（区域 B：$\xi \leqslant r \leqslant \lambda$），非变形区（区域 C：$r \geqslant \lambda$）

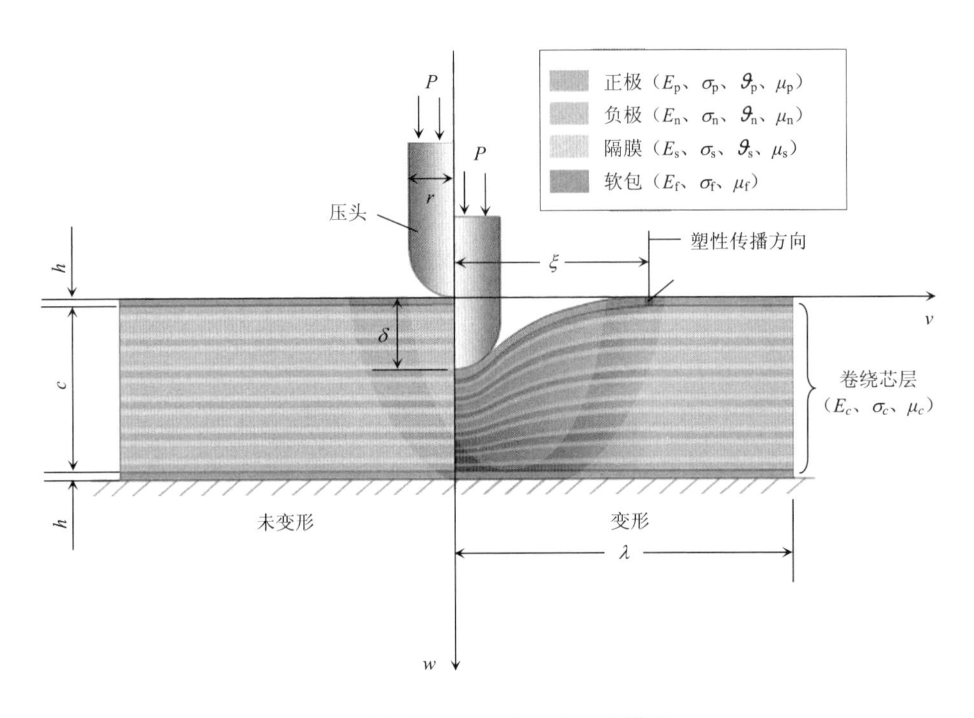

（b）轴对称局部凹陷理论模型

图 2.1　锂离子聚合物电池在准静态球形压头载荷 P 作用下的局部凹陷示意图（彩图见附录）

从图 2.1（a）中可以看出，电池在局部凹陷的过程中共分为 3 个区域：塑性凹陷区（区域 A：$r \leqslant \xi$），弹性凹陷区（区域 B：$\xi \leqslant r \leqslant \lambda$），非变形区（区域 C：$r \geqslant \lambda$）。本书假设初始凹陷半径等于压头半径。压头在与电池接触的初始阶段，弹性凹陷区为压头半径，随着压缩位移的逐渐增加，弹性凹陷区进入塑性凹陷区，并且在压头半径边缘出现塑性铰；随着压缩位移的继续增加，塑性铰开始向外扩展；随着压缩位移的减小，在电池表面会出现塑性凹陷区、弹性凹陷区和非变形区 3 个区域。根据圣维南原理，由于非变形区对于研究电池的力学行为无影响，因此触发电池内部短路的凹陷变形的轮廓仅局限于图 2.1（a）中的圆形区域（区域 A 和 B），且电池受到外界载荷的作用可看作是厚多层夹芯圆板受到外界载荷的作用。

2.2.2　电池的材料属性

锂离子聚合物电池正极、负极和隔膜的弹性模量、屈服应力、泊松比分别表示为 E_p、σ_p、μ_p；E_n、σ_n、μ_n 和 E_s、σ_s、μ_s。铝塑外壳的弹性模量、屈服应力、泊松比、流动应力和极限应力分别为 E_f、σ_f、μ_f、σ_0 和 σ_{fu}，铝塑外壳由铝塑复合材料制成，其弹性模量和屈服应力分别为 E_f=4 GPa 和 σ_f=180 MPa。铝塑外壳采用基于最大畸变能量判据的双线性各向同性硬化模型，平面应力（$\sigma_z=\tau_{xz}=\tau_{yz}=0$）屈服条件的最大畸变能量判据可表达为 $\sigma_0=\sqrt{\sigma_x^2-\sigma_x\sigma_y+\sigma_y^2+3\tau_{xy}^2}$。铝塑外壳的流动应力可以通过硬化效应来表征，流动应力应大于初始屈服应力 σ_f，小于极限应力 σ_{fu}=256 MPa。铝塑外壳考虑应变硬化效应，流动应力 σ_0 可表示为 $\sigma_0=\sqrt{\dfrac{\sigma_f\sigma_{fu}}{1+\kappa}}$，其中 κ=0.23 为应变硬化指数。计算得到铝塑外壳的流动应力 σ_0 为 193 MPa。

本章研究的锂离子聚合物电池的电芯沿厚度方向共包含 17 个子层，总厚度 c=6.5 mm。电芯的每个子层包含一层厚度为 0.18 mm 的正极层、一层厚度为 0.14 mm 的负极层以及两层厚度为 0.025 mm 的隔膜层。对于隔膜层，假设其采用分段线性塑性材料模型，其弹性模量和泊松比分别为 E_s=0.5 GPa 和 μ_s=0.3。对于电极层，假设其采用均质可压碎泡沫材料模型，正极、负极的弹性模量和泊松比分别为 E_p=

0.467 GPa、E_n=0.515 GPa 和 μ_p=μ_n=0.01。基于 Deshpande-Fleck 理论，可压碎泡沫材料模型同样可以描述锂离子电池的均质材料。在本章中，电芯的切断应力σ_{cu}可以用来预测电池失效时的载荷和位移。假设电芯的切断应力σ_{cu}等于其压缩屈服应力σ_c。基于电芯中每层的材料参数，电芯的材料参数 E_c、σ_c、μ_c 可以通过 Voigt 平均法（VAM）得到，其具体的表达式为

$$E_c=\left(\frac{\vartheta_p}{E_p}+\frac{\vartheta_n}{E_n}+\frac{\vartheta_s}{E_s}\right)^{-1} \tag{2.1}$$

$$\sigma_c=\left(\frac{\vartheta_p}{\sigma_p}+\frac{\vartheta_n}{\sigma_n}+\frac{\vartheta_s}{\sigma_s}\right)^{-1} \tag{2.2}$$

$$\mu_c=\left(\frac{\vartheta_p}{\mu_p}+\frac{\vartheta_n}{\mu_n}+\frac{\vartheta_s}{\mu_s}\right)^{-1} \tag{2.3}$$

其中，ϑ_p=0.52、ϑ_n=0.41 和 ϑ_s=0.07 分别为正极、负极和隔膜的体积分数，它们是由各组分层厚度与总厚度之比得到的。根据方程（2.1）～（2.3），电芯的弹性模量为 E_c= 0.5 GPa，压缩屈服应力为σ_c=σ_{cu}=35.4 MPa，泊松比为 v_c=0.01。

2.2.3 触发电池内部短路机理

锂离子聚合物电池在局部外载荷作用下，其凹陷力对电池的力学和电化学性能有重要影响。根据前人对电池的凹陷实验研究可得：随着凹陷力的增加，电池的电压 V_{cv} 保持不变，初始温度 T 很低；当凹陷力达到最大时，电压 V_{cv} 急剧下降，温度 T 急剧升高，此时电池发生了内部短路。类似的结论同样在 Cai 等的研究中有所体现，并得到电压和温度是压缩位移的函数的结论。含有 $LiCoO_2$ 正极材料（初始电压 V_{cv}=3.7 V）的锂离子聚合物电池（L_1=59.5 mm，L_2=34 mm，t=5.35 mm）在凹陷载荷作用下（2R=12.70 mm）的凹陷力 P、电压 V_{cv} 和温度 T 的响应曲线如图 2.2 所示。当压缩位移为δ=2.9 mm 时，凹陷力达到最大值 P_{max}=7.71 kN，继而急剧下降，电压 V_{cv} 由 3.7 V 降到 0.12 V，温度升高到 11 ℃。这种剧烈的电化学变化意味着电池在

凹陷载荷作用下发生了内部短路，这是因为电池的隔膜发生力学失效，正极和负极直接接触使电池内部短路。因此，电池的内部短路可以通过给定一个压缩位移或凹陷力来表征。

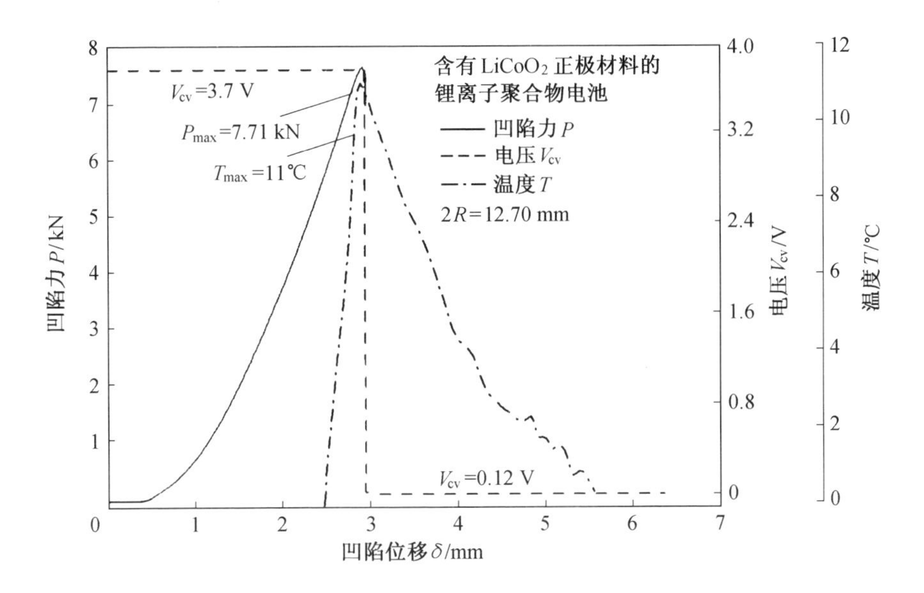

图 2.2　含有 $LiCoO_2$ 正极材料（初始电压 V_{cv}=3.7 V）的锂离子聚合物电池（L_1=59.5 mm，L_2=34 mm，t=5.35 mm）在凹陷载荷作用下（2R=12.70 mm）的凹陷力 P、电压 V_{cv} 和温度 T 的响应曲线

2.3　基于形函数理论的局部凹陷分析

锂离子聚合物电池的凹陷变形场可以通过两个独立的参数来表征，即压缩位移 δ 和变形区域半径 ξ，电池的变形区域半径与压缩位移有关。假设电池沿厚度方向（w 方向）压缩，而沿面内方向（v 方向）无应变，且剪切应力和压缩应力之间解耦。上层铝塑外壳沿 w 方向的凹陷变形场为 $\omega(r, \xi)$，其中 r 为径向坐标[图 2.1（b）]。变形区域的变形场可以通过一系列形函数来描述，其中包括正弦、余弦、二次方程、指数和对数形函数，其表达式分别为

$$\omega(r,\xi)=\begin{cases}\delta & 0\leqslant r\leqslant R\\ \delta\left[1-\sin\dfrac{\pi(r-R)}{2(\xi-R)}\right] & R\leqslant r\leqslant \xi\end{cases} \tag{2.4}$$

$$\omega(r,\xi)=\begin{cases}\delta & 0\leqslant r\leqslant R\\ 2\delta\left[1-\cos\dfrac{\pi(\xi-r)}{3(\xi-R)}\right] & R\leqslant r\leqslant \xi\end{cases} \tag{2.5}$$

$$\omega(r,\xi)=\begin{cases}\delta & 0\leqslant r\leqslant R\\ \delta\left(\dfrac{\xi-r}{\xi-R}\right)^2 & R\leqslant r\leqslant \xi\end{cases} \tag{2.6}$$

$$\omega(r,\xi)=\begin{cases}\delta & 0\leqslant r\leqslant R\\ \dfrac{\delta}{\mathrm{e}-1}\left(\mathrm{e}^{\frac{\xi-r}{\xi-R}}-1\right) & R\leqslant r\leqslant \xi\end{cases} \tag{2.7}$$

$$\omega(r,\xi)=\begin{cases}\delta & 0\leqslant r\leqslant R\\ \dfrac{\delta}{\ln 2}\ln\left(1+\dfrac{\xi-r}{\xi-R}\right) & R\leqslant r\leqslant \xi\end{cases} \tag{2.8}$$

电池的凹陷行为可以通过能量平衡原理得到，铝塑外壳的塑性应变能 U_f 和电芯的塑性压缩做功 U_c 之和等于压头外载荷 P 所做的功 $W=\int_0^\delta P\mathrm{d}\delta$。电池的总能量平衡方程可以表示为

$$\int_0^\delta P\mathrm{d}\delta=U_\mathrm{f}+U_\mathrm{c} \tag{2.9}$$

铝塑外壳在变形区域的塑性应变能 U_f 可表示为

$$U_\mathrm{f}=\int_0^\xi N_0\varepsilon_\mathrm{r}\cdot 2\pi r\mathrm{d}r=\int_0^\xi N_0\cdot \pi r\left(\frac{\partial\omega(r,\xi)}{\partial r}\right)^2\mathrm{d}r \tag{2.10}$$

式中 N_0——铝塑外壳的单位长度的塑性膜力，$N_0=\sigma_0 h$；

σ_0——铝塑外壳的流动应力；

h——铝塑外壳的厚度；

ε_r——径向拉应变。

假设电池在面内的位移为零，对于基于正弦形函数的凹陷变形场，将方程（2.4）代入方程（2.10），得到铝塑外壳的塑性应变能 U_f 为

$$U_f = \frac{\pi\sigma_0 h\delta^2}{\xi - R}(0.366\ 9\xi + 0.866\ 9R) \tag{2.11}$$

电芯的塑性压缩做功 U_c 可表示为

$$U_c = \int_0^{\xi} \sigma_c \omega(r,\xi) \cdot 2\pi r \mathrm{d}r \tag{2.12}$$

其中，电芯的压缩屈服应力σ_c可以由方程（2.2）得到。对于基于正弦形函数的凹陷变形场，将方程（2.4）代入方程（2.12），得到电芯的塑性压缩做功 U_c 为

$$U_c = \pi\delta\sigma_c(0.189\ 4\xi^2 + 0.347\ 9\xi R + 0.462\ 7R^2) \tag{2.13}$$

基于能量最小条件$\dfrac{\partial W}{\partial \delta}=0$，将方程（2.11）和方程（2.13）代入方程（2.9），得到基于正弦形函数的凹陷变形场的凹陷力 P，即

$$P = \frac{2\pi\sigma_0 h\delta}{\xi - R}(0.366\ 9\xi + 0.866\ 9R) + \pi\sigma_c(0.189\ 4\xi^2 + 0.347\ 9R\xi + 0.462\ 7R^2) \tag{2.14}$$

由方程（2.14）可以看出，除了待定参数δ和ξ，凹陷力 P 主要由电池的材料参数（σ_0和σ_c）和几何参数（h 和 R）来决定。为了能够更直观地分析结果，我们对几个主要的物理量进行无量纲处理，即

$$\bar{\sigma} = \frac{\sigma_c}{\sigma_0},\quad \bar{P} = \frac{P}{\sigma_0 Rh},\quad \bar{\delta} = \frac{\delta}{R},\quad \bar{h} = \frac{h}{R},\quad \bar{\xi} = \frac{\xi}{R},\quad \kappa = \frac{\sigma_c R}{\sigma_0 h} \tag{2.15}$$

将方程（2.15）代入方程（2.14）中得到正则化凹陷力的表达式，即

$$\bar{P} = \frac{2\pi\bar{\delta}}{\bar{\xi} - 1}(0.366\ 9\bar{\xi} + 0.866\ 9) + \pi\kappa(0.189\ 4\bar{\xi}^2 + 0.347\ 9\bar{\xi} + 0.462\ 7) \tag{2.16}$$

由方程（2.16）可以看出，变形区域$\bar{\xi}$和压缩位移$\bar{\delta}$都与凹陷力$\bar{P}$有关，并且通过最小功能原理可以得到变形区域和凹陷力。压缩位移可以由最小凹陷力条件

$\dfrac{\partial \overline{P}}{\partial \overline{\xi}}=0$ 决定。因此，根据方程（2.16）可以得到基于正弦形函数的凹陷变形场的压缩位移，即

$$\overline{\delta}=\kappa(0.153\,5\overline{\xi}+0.141\,0)(\overline{\xi}-1)^2 \tag{2.17}$$

类似基于正弦形函数的凹陷变形场的推导方法，基于余弦、二次方程、指数和对数形函数的压缩位移与变形区域的关系表达式可表示为

$$\overline{\delta}=\kappa(0.137\,2\overline{\xi}+0.132\,2)(\overline{\xi}-1)^2 \tag{2.18}$$

$$\overline{\delta}=\kappa(0.125\,0\overline{\xi}+0.125\,0)(\overline{\xi}-1)^2 \tag{2.19}$$

$$\overline{\delta}=\kappa(0.789\,9\overline{\xi}+0.260\,4)(\overline{\xi}-1)^2 \tag{2.20}$$

$$\overline{\delta}=\kappa(0.377\,9\overline{\xi}+0.157\,6)(\overline{\xi}-1)^2 \tag{2.21}$$

将方程（2.17）代入方程（2.16），基于正弦形函数的凹陷变形场的正则化凹陷力可表示为

$$\overline{P}=\pi\kappa(0.112\,6\overline{\xi}^3+0.446\,3\overline{\xi}^2+0.222\,7\overline{\xi}+0.218\,2) \tag{2.22}$$

类似地，基于余弦、二次方程、指数和对数形函数的凹陷变形场的正则化凹陷力可表示为

$$\overline{P}=\pi\kappa(0.094\,8\overline{\xi}^3+0.430\,4\overline{\xi}^2+0.238\,9\overline{\xi}+0.235\,9) \tag{2.23}$$

$$\overline{P}=\pi\kappa(0.083\,3\overline{\xi}^3+0.416\,7\overline{\xi}^2+0.250\,0\overline{\xi}+0.250\,0) \tag{2.24}$$

$$\overline{P}=\pi\kappa(0.587\,1\overline{\xi}^3+1.583\,2\overline{\xi}^2-0.382\,3\overline{\xi}-0.787\,9) \tag{2.25}$$

$$\overline{P}=\pi\kappa(0.482\,7\overline{\xi}^3+0.415\,7\overline{\xi}^2-0.050\,3\overline{\xi}+0.151\,9) \tag{2.26}$$

由方程（2.22）～（2.26）得到，正则化凹陷力 $\overline{P}$ 是关于变形区域 $\overline{\xi}$ 的三次函数。

由方程（2.17）～（2.26）得到，如果压缩位移$\bar{\delta}$确定，那么正则化变形区域$\bar{\xi}$和凹陷力$\bar{P}$就可以确定。

2.4　结果与讨论

2.4.1　理论模型的验证

锂离子聚合物电池在准静态载荷下凹陷力-整体应变的理论预测与前人的实验结果的对比如图 2.3 所示。Kumar 等、Zhang 等给出了 3 种不同压头载荷下的锂离子聚合物电池的实验结果。基于正弦形函数的理论结果[如式（2.14）]与前人的实验结果吻合较好。值得注意的是，电池的整体应变ε可以根据公式$\varepsilon=\dfrac{\delta}{2h+c}$得到。在初始阶段，即当$R$=22.3 mm 时，整体应变$\varepsilon<0.5$，理论结果和实验结果存在一定误差。原因主要是电池与压头的初始接触面积（1 561.5 mm^2）大于其他情况的初始接触面积（128.6 mm^{2}和 642.1 mm^2）。随着压缩位移δ的增加，电压V_{cv}减小、温度T增加，压缩位移δ与凹陷力P和变形区域ξ两个参数相关。

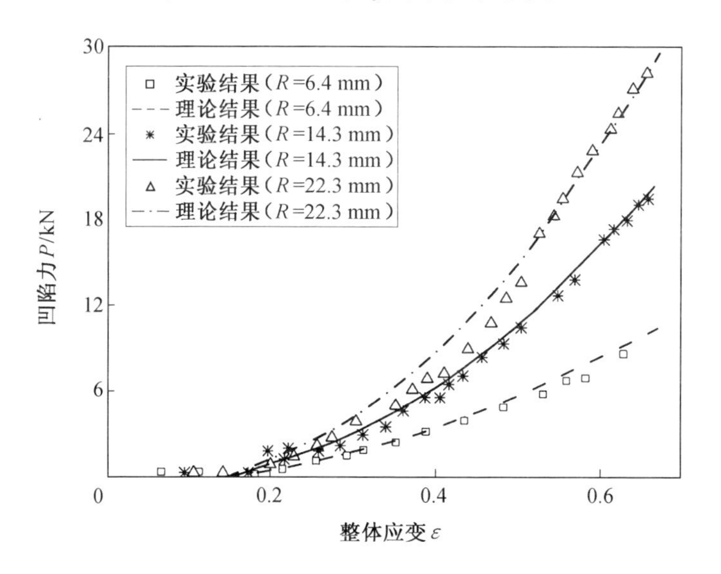

图 2.3　锂离子聚合物电池在准静态载荷下凹陷力-整体应变的理论预测与前人的实验结果的对比

2.4.2 变形区域对压缩位移的影响

基于不同形函数的压缩位移和凹陷力随变形区域的变化情况如图 2.4 所示。由图 2.3 可知，基于正弦形函数的理论结果与实验结果吻合较好。如图 2.4（a）所示，余弦形函数和二次形函数的理论结果总体上与正弦形函数相近，但小于正弦形函数。指数形函数和对数形函数的理论结果要大于正弦形函数。换句话说，对于给定的变形区域，指数形函数和对数形函数的压缩位移大于正弦形函数、余弦形函数和二次形函数。因此，指数形函数和对数形函数的表达式[如方程（2.20）～（2.21）]在研究触发电池内部短路的凹陷行为方面存在一定的局限性，其仅适用于含有强度较弱的铝塑外壳和电芯的电池在小半径压头压缩下的凹陷行为情况。而正弦形函数、余弦形函数和二次形函数的表达式[如方程（2.17）～（2.19）]适用于含有强度较强的铝塑外壳和电芯的电池在大半径压头压缩下的凹陷行为情况。因此，产生指数形函数和对数形函数的变形轮廓的锂离子聚合物电池容易触发其内部短路。

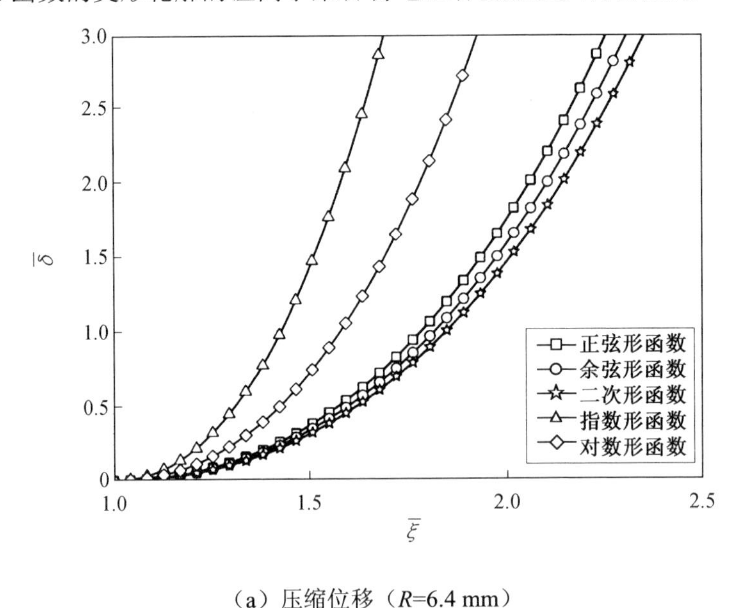

（a）压缩位移（R=6.4 mm）

图 2.4　基于不同形函数的压缩位移和凹陷力随变形区域的变化情况

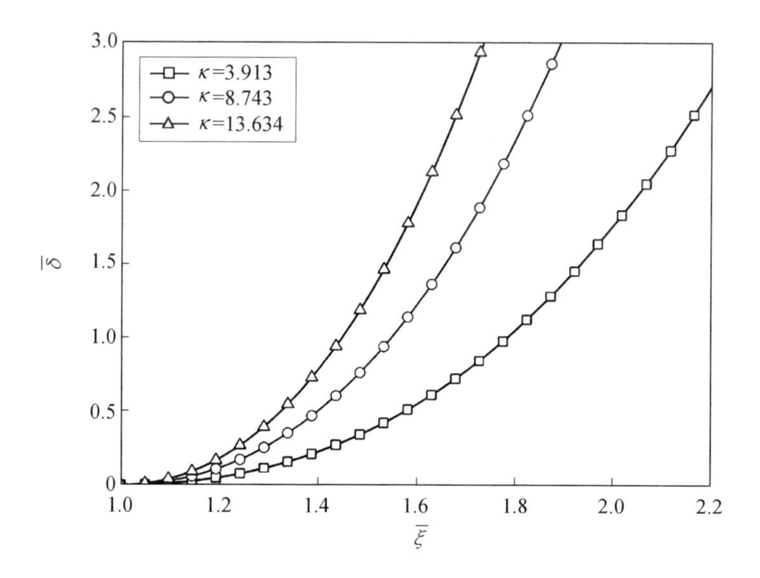

（b）基于正弦形函数的压缩位移随系数κ的变化情况

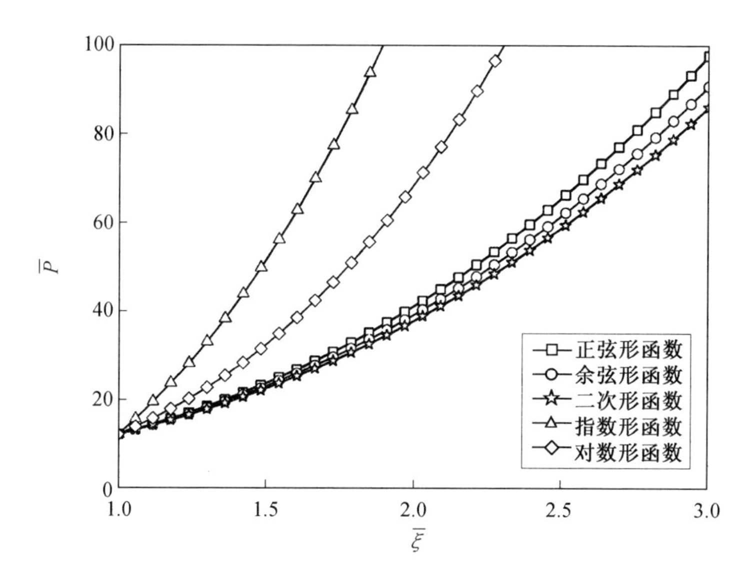

（c）当κ= 3.913 时，压缩位移的理论结果

续图 2.4

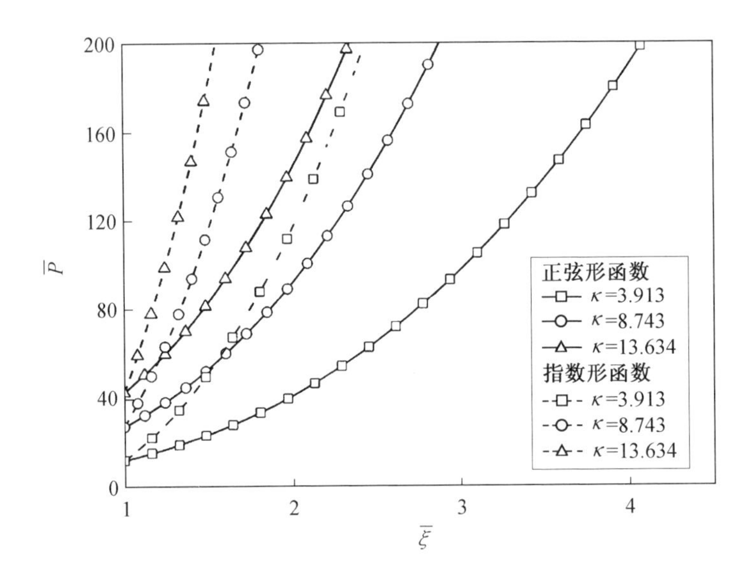

（d）基于正弦形函数和指数形函数的凹陷力随系数κ的变化情况

续图 2.4

此外，基于正弦形函数的压缩位移随系数 κ 的变化情况如图 2.4（b）所示。系数 κ 取决于电池的材料参数（σ_0 和σ_c）和几何参数（h 和 R)。令几何系数$\xi=\dfrac{R}{h}$，则系数$\kappa=\dfrac{\sigma_c\xi}{\sigma_0}$。当$\xi$为常数时，基于正弦形函数的压缩位移随着系数 κ 的增加而增加，变形区域随着系数 κ 的增加而减小。根据图 2.4（b）和图 2.4（d)，当基于正弦形函数的凹陷力为$\overline{P}=80$时，如果$\kappa=3.913$，则$\overline{\xi}=2.77$、$\overline{\delta}=3.32$；如果$\kappa=8.743$，则$\overline{\xi}=1.87$、$\overline{\delta}=2.91$；如果$\kappa=13.634$，则$\overline{\xi}=1.48$、$\overline{\delta}=1.24$。当凹陷力 P 为定值时，电池的抗变形能力随着系数 κ 的增加而增加。当ξ为定值时，电芯的压缩屈服应力σ_c增加，铝塑外壳的流动应力σ_0减少，也就是说，电池的抗变形能力也可以得到改善。同样的，当$\dfrac{\sigma_c}{\sigma_0}$为常数时，压头半径 R 增加，铝塑外壳厚度 h 减少，也就是说，电池的抗变形能力也可以得到改善。因此，为了避免引起电池的内部短路，铝塑外壳的流动应力σ_0和铝塑外壳厚度 h 应该尽可能低；电芯的压缩屈服应力σ_c和压头半径 R 应该尽可能高。根据目前的研究，当$R\to\infty$时，球头凹陷加载退化为平头载荷加载,此时电池内部的短路很难触发。该理论分析与 Sahraei 等的实验结果一致。

2.4.3　变形区域对凹陷力的影响

根据方程（2.22）～（2.26）可知，锂离子聚合物电池基于不同形函数的变形区域对凹陷力的影响如图 2.4（c）和图 2.4（d）所示。凹陷力的结果与压缩位移的结果类似[图 2.4（c）]，凹陷力随变形区域的增大而增大。二次形函数产生的变形轮廓的锂离子聚合物电池容易触发其内部短路和结构破坏。不同的形函数抗外载荷能力的排序为：指数形函数>对数形函数>正弦形函数>余弦形函数>二次形函数。如图 2.4（d）所示，基于正弦形函数和指数形函数的凹陷力随着系数 κ 的增加而增加。由图 2.4（b）和图 2.4（d）可知，当基于正弦形函数的压缩位移为$\bar{\delta}=1.5$时，如果κ=3.913，则$\bar{\xi}=1.94$、$\bar{P}=38$；如果κ=8.743，则$\bar{\xi}=1.66$、$\bar{P}=64$；如果κ=13.634，则$\bar{\xi}=1.54$、$\bar{P}=88$。当压缩位移为常数时，电池的抗外载荷能力随着系数 κ 的增加而增加。也就是说，增加电芯的压缩屈服应力σ_c和压头半径 R 以及减少铝塑外壳的流动应力σ_0和厚度 h 都可以避免触发锂离子聚合物电池的内部短路。

2.5　本 章 小 结

由于不同形函数建立的理论模型对表征锂离子聚合物电池的抗外载荷能力和触发内部短路有所不同，因此需要对不同形函数的抗外载荷能力进行研究。本章基于电芯均质、各向同性和连续性假设凹陷力学模型，建立了含有不同形函数的理论模型，来研究引发锂离子聚合物电池内部短路的力学行为。基于正弦、余弦和二次形函数的理论结果与前人的实验结果吻合较好。增加电芯的压缩屈服应力σ_c和压头半径 R 以及减少铝塑外壳的流动应力σ_0和厚度 h 都可以避免触发锂离子聚合物电池的内部短路。根据目前的研究，当压头半径趋于无穷大时，凹陷载荷退化为平头压缩，而平头压缩情况下电池内部短路很难触发。此外，不同形函数的应用范围也不同，并且与电池的材料性能（电芯的压缩屈服应力和铝塑外壳的流动应力）和几何结构（铝塑外壳的厚度和压头半径）密切相关。在工业生产过程中，该理论模型为改善锂离子聚合物电池的力学性能、减少电池内部短路和优化电池结构提供了指导。

第3章　触发锂离子电池内部短路行为的影响因素研究

3.1 概　　述

锂离子电池在动力工程应用中的主要问题：锂离子电池不可避免地承受多种静态或动态载荷的作用，而这些载荷容易造成严重后果，如容量和性能的退化、内部短路、火灾甚至爆炸。锂离子电池的抗外载荷性能代表了其抵抗外部载荷（如准静态载荷、动态载荷和爆炸载荷等）的能力。它是电池设计规范和性能分析的重要指标，直接反映了电池的安全性和可靠性。上一章研究了基于不同形函数下锂离子电池的局部变形能力和抗载荷能力，但是对于含有不同正极材料的锂离子电池的抗外载荷性能还没有系统地进行研究。锂离子电池正极材料的结构直接决定了锂离子脱嵌路径方式，这对锂离子电池的电化学性能，包括充放电比容量、充放电效率、倍率性能和循环寿命等产生明显影响。而具有优异电化学性能的锂离子电池，其力学性能可能并不理想，这直接影响该种锂离子电池在动力工程中的应用。考察高电化学性能的锂离子电池的抗外载荷性能依然是重要的课题，因此有必要研究不同正极材料对锂离子电池抗外载荷性能的影响。

许多学者对锂离子电池在外载荷作用下的电化学性能和抗外载荷性能进行了研究，根据电化学-热耦合模型，通过实验得到了外载荷作用下锂离子电池的热失控的温度分布。此外，研究人员对锂离子电池在准静态加载和动态冲击下的力学性能进行了实验研究，实验结果表明，力学性能和内部短路行为在锂离子电池的失效分析中起着重要作用。根据研究人员的分析结果，外载荷随着压缩位移的增加先逐渐增大然后逐渐减小，而电池内部短路的发生会伴随力学失效、电压下降和温度升高等现象。上述剧烈的变化意味着：在外部载荷作用下，隔膜被破坏，导致正极与负极直接接触，最终触发锂离子电池内部短路（图 3.1）。

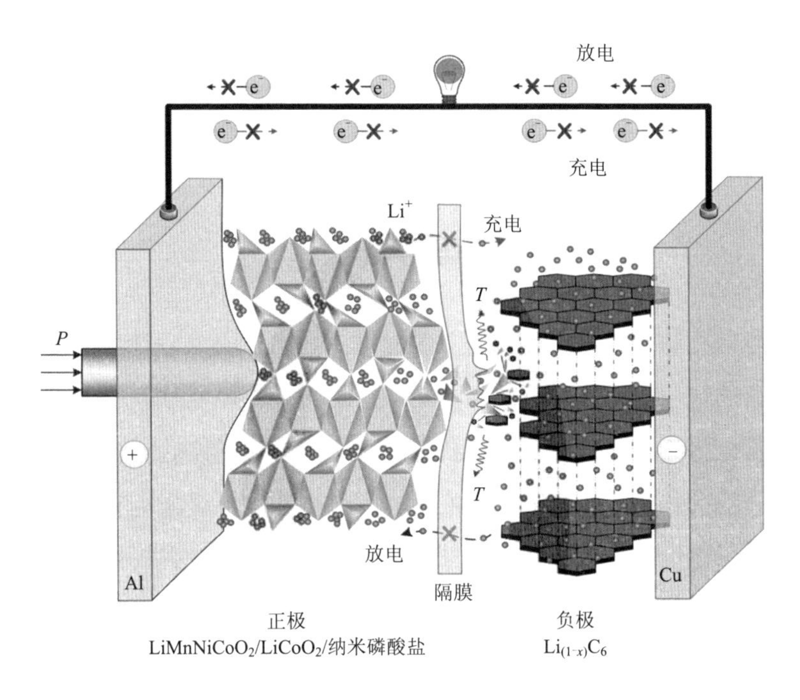

图 3.1　锂离子电池在外部载荷作用下的失效机理示意图

由于对锂离子电池的力学性能和电化学性能的实验研究成本高、难度大，因此理论研究和有限元方法成为初始评估电池力学性能及电化学性能的重要工具。根据以往的研究，锂离子电池假设为夹芯板模型，包括上层铝塑外壳、电芯（正极组件、负极组件和隔膜）和下层铝塑外壳。将该假设模型应用于有限元模型中来研究锂离子电池的力-热-电性能，结果发现理论数值与实验结果吻合。因此，夹芯板模型可以有效地预测触发锂离子电池内部短路的变形轮廓。在夹芯板模型的理论分析中，锂离子电池的材料性能是最重要的参数。采用的均质化可压碎泡沫模型是 Deshpande-Fleck 模型的拓展，均质化概念将微观尺度的粒子模型与宏观尺度的模型联系起来，以多孔电极理论为基础来描述锂离子的力学性能、扩散和电能。研究人员采用均质化超泡沫模型、均质化可压碎泡沫模型和等效均质连续性模型对锂离子电池发生内部短路进行模拟和评估，研究结果表明，均质化可压碎泡沫模型的理论结果与实验结果吻合，能够较好地预测电池的变形轮廓和电化学性能。

然而，目前通过定义形函数来预测锂离子电池发生内部短路的理论研究依然很少。本书第 2 章讨论了不同形函数所对应的电池材料参数和几何尺寸的有效性与适用范围，由于每种形函数的应用范围有限，因此需要使用不同的形函数来描述锂离子电池的力学性能。本章基于电极材料为均质、各向同性材料的假设，通过带有正弦曲线的位移场模型研究了含有不同正极材料的锂离子电池的抗外载荷性能。从电芯的能量吸收角度出发，确定了触发电池内部短路的变形区域范围，对比了含有不同正极材料的锂离子电池的抗外载荷性能。此外，通过建立有限元模型来验证理论结果的准确性，并将理论结果、有限元结果和前人的实验结果进行了比较。

还需要进一步讨论压缩位移、变形区域和塑性应变能 3 个因素对触发锂离子电池内部短路行为的影响，从力学的角度分析得到抗载荷能力最优的正极材料。

3.2　球形压头载荷下局部凹陷的理论模型

本书第 2 章给出了锂离子聚合物电池在球形压头加载下的抗外载荷性能的理论模型[图 2.1（a）]，基于正弦形函数的正则化凹陷力的表达式为

$$\overline{P}=\frac{2\pi\overline{\delta}}{\overline{\xi}-1}(0.366\,9\,\overline{\xi}+0.866\,9)+\pi\kappa(0.189\,4\,\overline{\xi}^{2}+0.347\,9\,\overline{\xi}+0.462\,7) \tag{3.1}$$

基于正弦形函数的压缩位移与变形区域的关系表达式为

$$\overline{\delta}=\kappa(0.153\,5\,\overline{\xi}+0.141\,0)(\overline{\xi}-1)^{2} \tag{3.2}$$

但是该理论结果在压头与电池之间接触的塑性凹陷区（区域 A：$r\leqslant\xi$）不是很精确，相关结果将在本章第 3.4 节进行讨论。其主要原因为：电池在圆柱压头加载

下的工况，存在压头与电池的接触半径 ρ 等于压头半径 R 的假设。而电池在球形压头加载下的工况，接触半径 ρ 随压缩位移δ的变化而变化，且电池与球形压头之间的接触区轮廓与球形压头的轮廓吻合较好[图 3.2（b）]。

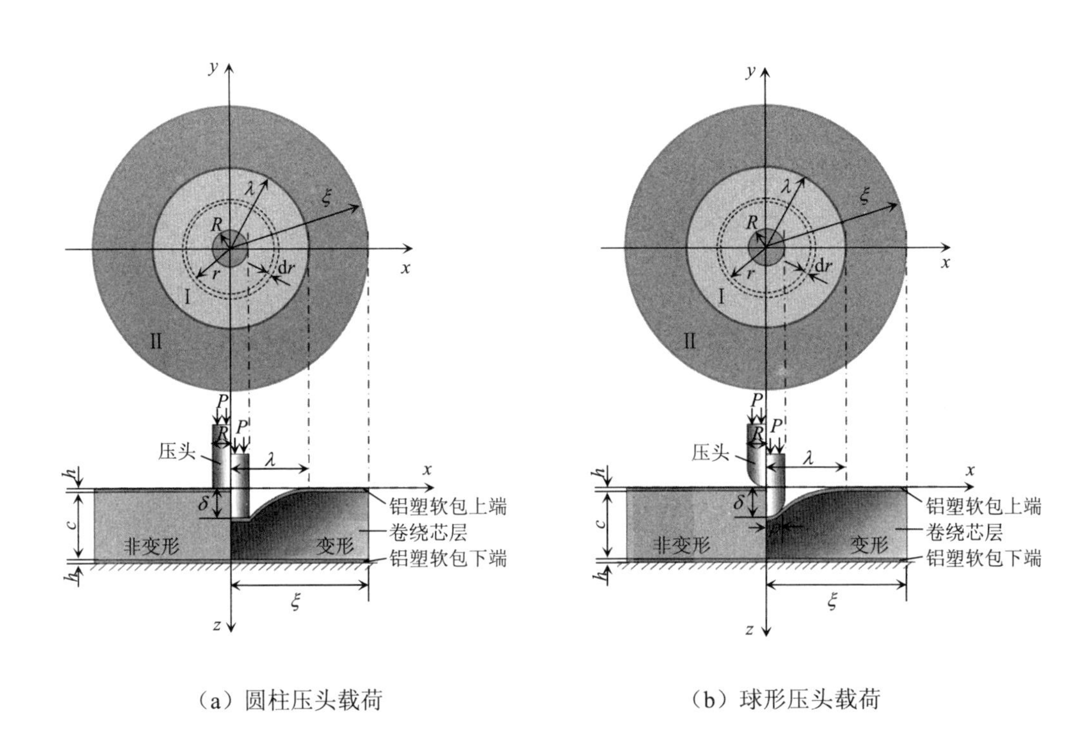

（a）圆柱压头载荷　　（b）球形压头载荷

图 3.2　锂离子电池在外部载荷作用下的局部凹陷行为

形函数必须满足边界条件，即当 r=0 时，z=δ；当 r=ρ 时，$z=\delta-\dfrac{\rho^2}{2R}$；当 r=λ 时，z=0。事实上，接触半径 ρ 小于球形压头半径 R。因此，基于正弦形函数的上层铝塑外壳在球形压头载荷下[图 3.2（b）]沿 w 方向的凹陷变形场可表示为

$$z(r,\lambda)=\begin{cases}\delta-\dfrac{r^2}{2R} & 0\leqslant r\leqslant\rho\\ \left(\delta-\dfrac{\rho^2}{2R}\right)\left[1-\sin\dfrac{\pi(r-\rho)}{2(\lambda-\rho)}\right] & \rho\leqslant r\leqslant\lambda\end{cases}\tag{3.3}$$

将方程（3.3）代入方程（2.10），得到铝塑外壳的塑性应变能 U_{f} 为

$$U_{\mathrm{f}}=\frac{\pi\sigma_0 h}{16}\left[\left(\delta-\frac{\rho^2}{2R}\right)^2\frac{\pi^2(\lambda+\rho)}{\lambda-\rho}-4\left(\delta+\frac{\rho^2}{2R}\right)\left(\delta-\frac{3\rho^2}{2R}\right)\right] \tag{3.4}$$

将方程（3.3）代入方程（2.12），得到电芯的塑性压缩做功 U_{c} 为

$$U_{\mathrm{c}}=\pi\sigma_{\mathrm{c}}\left\{\lambda^2\delta-\frac{\lambda^2\rho^2}{2R}+\frac{\rho^4}{2R}-(\lambda-\rho)\left(\delta-\frac{\rho^2}{2R}\right)\left[\frac{4\rho}{\pi}+\frac{8(\lambda-\rho)}{\pi^2}\right]\right\} \tag{3.5}$$

根据方程（2.9）、（2.15）、（3.4）和方程（3.5），得到正则化凹陷力的表达式为

$$\begin{aligned}\bar{P}=&\frac{2\pi}{\bar{\lambda}-\bar{\rho}}\left[\left(\bar{\delta}-\frac{\bar{\rho}^2}{2}\right)(0.366\,9\,\bar{\lambda}+0.866\,9\,\bar{\rho})\right]+\\&\frac{\pi\bar{\sigma}}{\bar{h}}(0.189\,4\,\bar{\lambda}^2+0.347\,9\,\bar{\lambda}\bar{\rho}+0.462\,7\,\bar{\rho}^2)\end{aligned} \tag{3.6}$$

其中，$\bar{\rho}=\dfrac{\rho}{R}$。基于正弦形函数的变形区域 $\bar{\xi}$，压缩位移 $\bar{\delta}$ 和接触半径 $\bar{\rho}$ 之间的关系为

$$v=0.5+\frac{\bar{\sigma}}{\bar{h}}(u-1)^2(0.153\,5u+0.141\,0) \tag{3.7}$$

$$1.233\,8uv-1.117\,0u+0.866\,9-0.366\,9u^2+\frac{\bar{\sigma}}{\bar{h}}(u-1)^2(0.173\,9u+0.462\,7)=0 \tag{3.8}$$

其中，$u=\dfrac{\bar{\lambda}}{\bar{\rho}}$，$v=\dfrac{\bar{\delta}}{\bar{\rho}^2}$。

由方程（3.6）～（3.8）可知，接触半径可以通过压缩位移和变形区域来确定。在当前的理论模型中，当压头半径远大于接触半径时（$\bar{\rho}=\dfrac{\rho}{R}\ll 1$），球形压头的形状对于预测电池与球形压头之间的接触区轮廓是有效的。当球形压头退化为圆柱冲头时（$\bar{\rho}=\dfrac{\rho}{R}=1$），方程（3.6）可简化为方程（2.16）。

3.3 有限元模型

本书利用非线性有限元程序 ABAQUS 建立锂离子聚合物电池在外载荷作用下的数值模型，来分析电池的抗外载荷性能。根据电池结构和载荷条件关于 *xOy* 和 *yOz* 轴对称，建立了锂离子电池在球形压头载荷下的 1/4 有限元模型（图 3.3）。有限元模型的长度为 80 mm，宽度为 80 mm，厚度为 7.1 mm。其网格类型采用 4 节点轴对称缩减积分四边形单元（CAX4R），整个有限元模型包含 240 000 个单元。同时，假设铝塑外壳与电芯之间的界面单元节点完好连接。位移条件为沿 *x*、*y* 方向约束 4 个边界，只允许沿 *z* 方向的压缩。压头沿 *z* 方向以 5 mm/min 的加载速度压缩电池。假设压头为刚体，选择 3 种不同直径的压头，分别为 12.70 mm、28.58 mm 和 44.45 mm。假设压头和电池的接触面之间没有水平滑动。

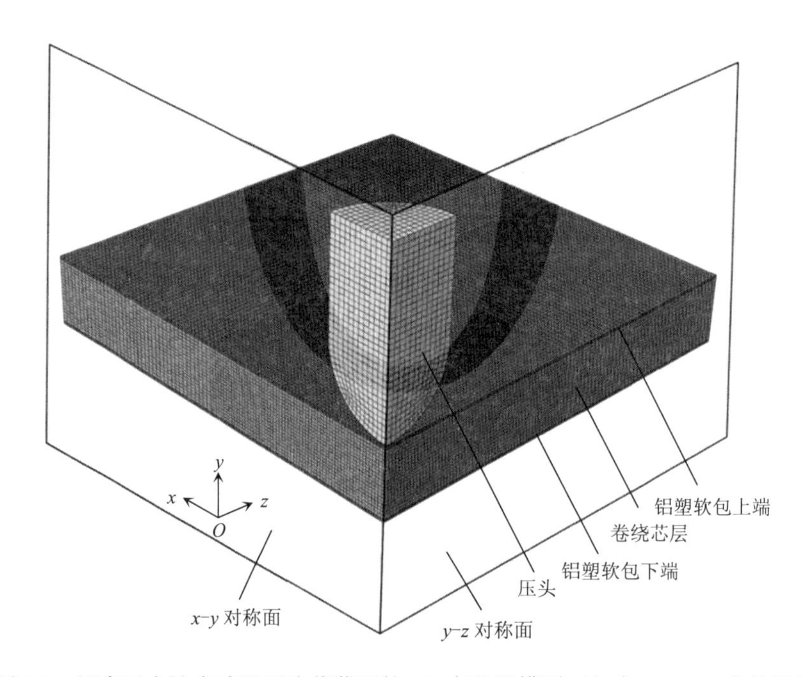

图 3.3 锂离子电池在球形压头载荷下的 1/4 有限元模型（包含 240 000 个单元）

由于铝塑外壳的材料为铝箔材料，因此其符合 von Mises 屈服准则。假定铝塑外壳的材料模型为各向同性硬化流动模型，流动应力$\sigma_0=0.9\times(\sigma_f\,\sigma_{fu})^{0.5}$是各向同性硬化流动模型的关键参数，其考虑了材料的应变硬化效应，并满足条件$\sigma_f<\sigma_0<\sigma_{fu}$，其中$\sigma_f$和$\sigma_{fu}$分别为初始屈服应力和极限应力。由于均质可压碎泡沫材料模型可以成功预测电池的载荷-位移关系和变形轮廓，因此在有限元模型中采用该模型来表征电芯的本构关系。当电芯失效时，凹陷力和压缩位移可以通过拉伸截断应力$\sigma_{cu}=\sigma_c$来表征。

3.4 结果与讨论

3.4.1 理论模型和有限元模型的验证

在目前的压痕理论中，压痕力可用于评估锂离子聚合物电池的抗外载荷性能，其表达式如方程（3.1）和方程（3.6）所示，为便于简化，本章采用理论方程（3.1）对有限元模型进行验证。凹陷力与变形区域、压缩位移和压头半径有关，含有不同正极材料的锂离子聚合物电池的理论结果、有限元结果与前人的实验结果的对比如图 3.4 所示。由图 3.4（a）可知，小锂离子电池（含 $LiCoO_2$ 正极材料）、中锂离子电池（含 $LiMnNiCoO_2$ 正极材料）和大锂离子电池（含纳米磷酸盐正极材料）的凹陷力随压缩位移变化的实验结果与当前理论结果及有限元结果一致。图 3.4（b）给出了锂离子电池（含 $LiMnNiCoO_2$ 正极材料）在 3 种压头载荷下的凹陷力随压缩应变变化的有限元结果和实验结果。压缩应变ε为压缩位移δ与电池总厚度 t 的比值。值得注意的是，当 $0\leqslant\delta\leqslant2$ mm（小锂离子电池和中锂离子电池）、$2R$=44.45 mm 时，当前理论结果和实验结果存在一定的误差，主要原因是变形区域的尺寸接近电池的尺寸。

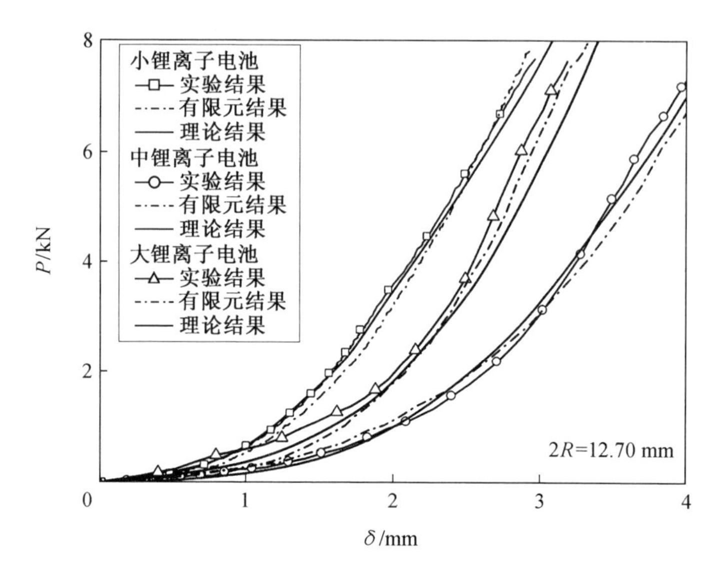

（a）小锂离子电池（含 $LiCoO_2$ 正极材料）、中锂离子电池（含 $LiMnNiCoO_2$ 正极材料）和大锂离子电池（含纳米磷酸盐正极材料）的凹陷力随压缩位移的变化情况

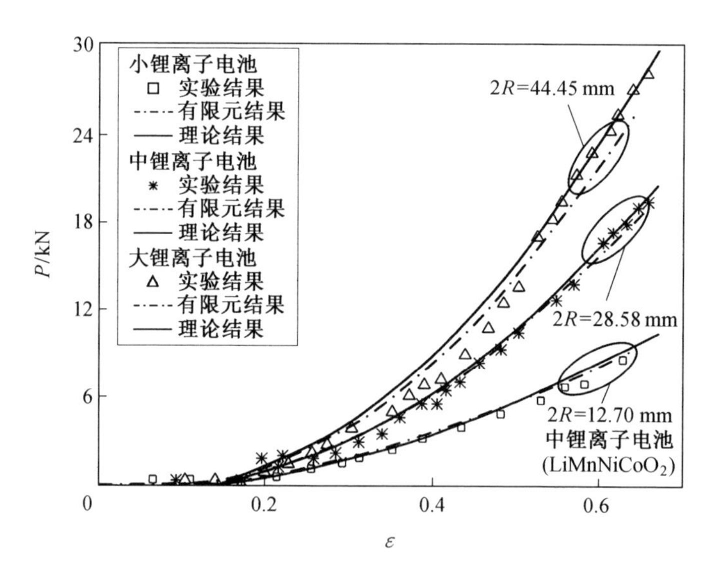

（b）锂离子电池（含 $LiMnNiCoO_2$ 正极材料）在 3 种压头载荷下的凹陷力随压缩应变的变化情况

图 3.4　含有不同正极材料的锂离子聚合物电池的理论结果、有限元结果与前人的实验结果的对比

3.4.2　压缩位移的影响

触发锂离子聚合物电池内部短路的凹陷力随压缩位移和整体应变的变化情况如图 3.5 所示。根据前人的实验研究结果，凹陷力的分布位于 3 个条带区域，如图 3.5（a）所示。压头半径越大，凹陷力的条带区域越宽。凹陷力随压头半径的增加而增加，随压缩位移的增加而减小。当前的理论结果和有限元结果与前人的实验结果的凹陷力对比如图 3.5（b）所示。凹陷力的对比表明，当前的理论结果和有限元结果与前人的实验结果一致。

由于参数λ、δ、t 和 R 在研究电池的抗外载荷能力方面起着重要作用，因此研究变形区域、整体应变与压缩位移之间的关系是十分必要的。对含有 $LiCoO_2$ 和 $LiCoO_2$-PE 隔膜的锂离子聚合物电池的变形区域进行数据拟合，变形区域随压缩位移和整体应变的变化情况如图 3.6 所示。由图 3.6（a）可知，变形区域与整体应变之间的拟合关系为 $\bar{\lambda}=0.538\varepsilon+0.388$。Sahraei 等得到了电池的变形区域与压缩位移之间的理论表达式为 $\bar{\lambda}=\sqrt{2\bar{\delta}}$，而本书得到的变形区域与压缩位移之间的拟合关系为 $\bar{\lambda}=1.400\bar{\delta}+0.365$ [图 3.6（b）]，此数据拟合结果比 Sahraei 等的理论结果更精确。需要注意的是，当压缩位移较小时，实验拟合结果与前人的理论结果存在一定误差[图 3.6（b）]，其原因主要是在实验过程中，压头与电池接触的初始时刻存在一定的惯性效应。理论结果是基于准静态压缩的理想情况得到的，而实验中由惯性效应引起的凹陷力大于理论凹陷力。由方程（3.1）～（3.2）和方程（3.6）～（3.8）可知，实验结果的变形区域大于理论结果的变形区域。此外，压头产生的惯性效应会随着加载时间的增加而消失。

凹陷力随压缩位移和整体应变的变化情况如图 3.7 所示。由图 3.7（a）可以看出，凹陷力随着铝塑外壳的流动应力的增大而减小。一般情况下，铝塑外壳由铝塑层压板或薄钢膜制成，该材料在准静态拉伸下会出现明显的应变硬化效应，而应变硬化效应可以用流动应力来表征。对于相同流动应力下的铝塑外壳，含有 $LiCoO_2$ 正极材料的电池的凹陷力随着压头半径的增大而增大，并且电池在外载荷作用下表现出明显的尺寸效应。含有不同正极材料的电芯的压痕力随着整体应变的增加而增加[图 3.7（b）]。

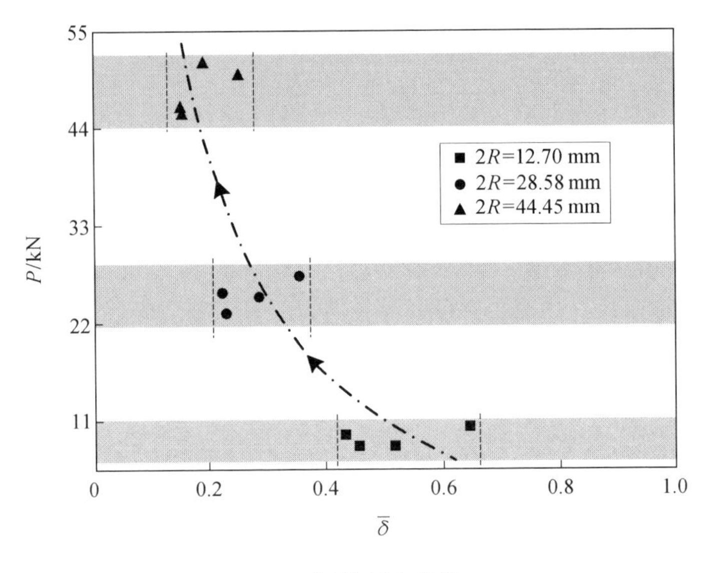

（a）不同的压头半径

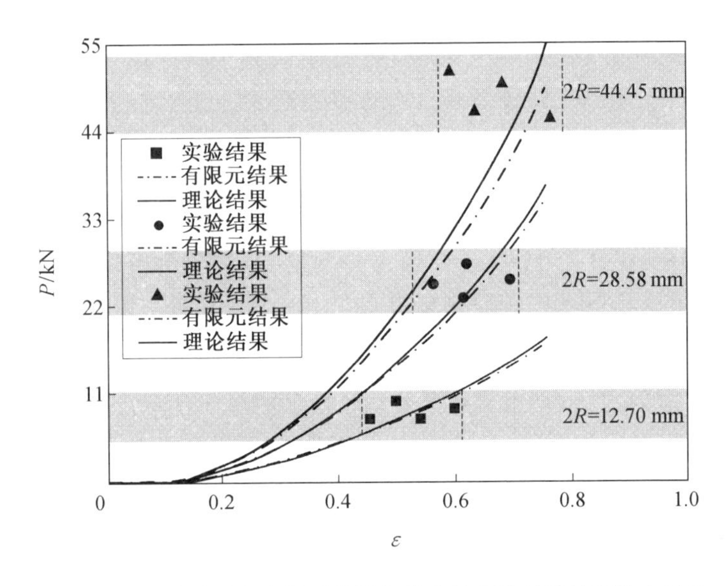

（b）当前的理论结果和有限元结果与前人的实验结果的凹陷力对比

图 3.5　触发锂离子聚合物电池内部短路的凹陷力随压缩位移和整体应变的变化情况

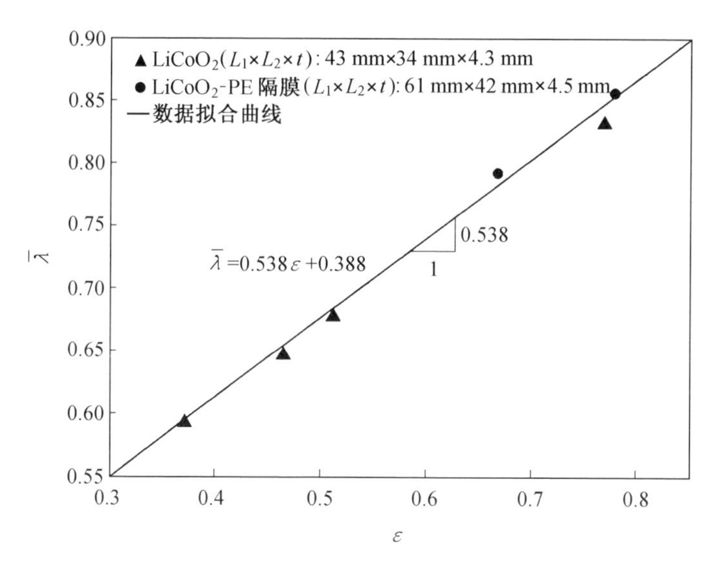

（a）变形区域的数据拟合

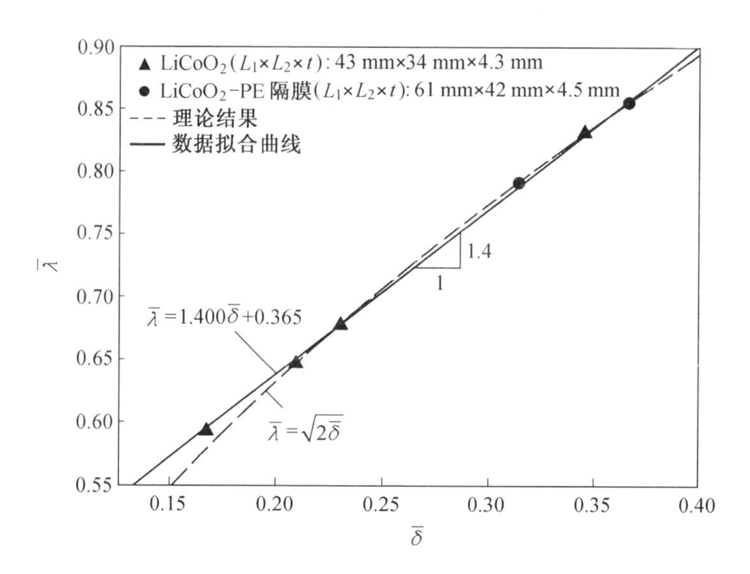

（b）数据拟合结果和理论结果的对比

图 3.6　变形区域随压缩位移和整体应变的变化情况

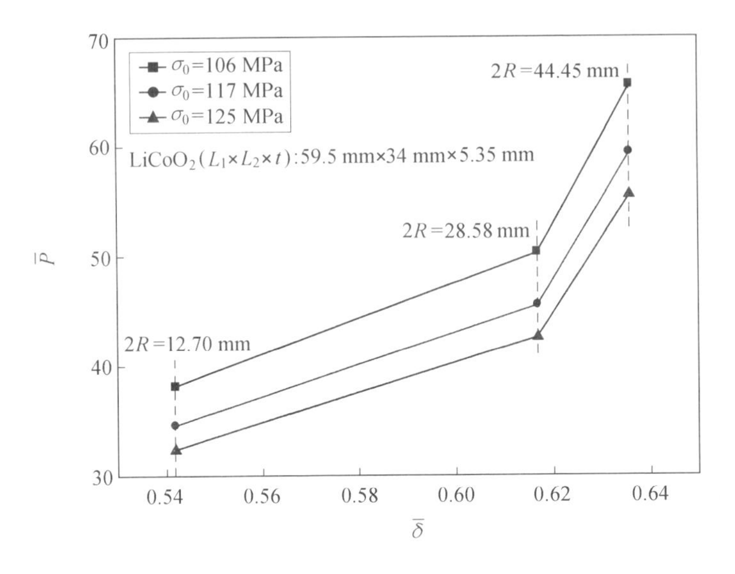

（a）铝塑外壳的不同流动应力

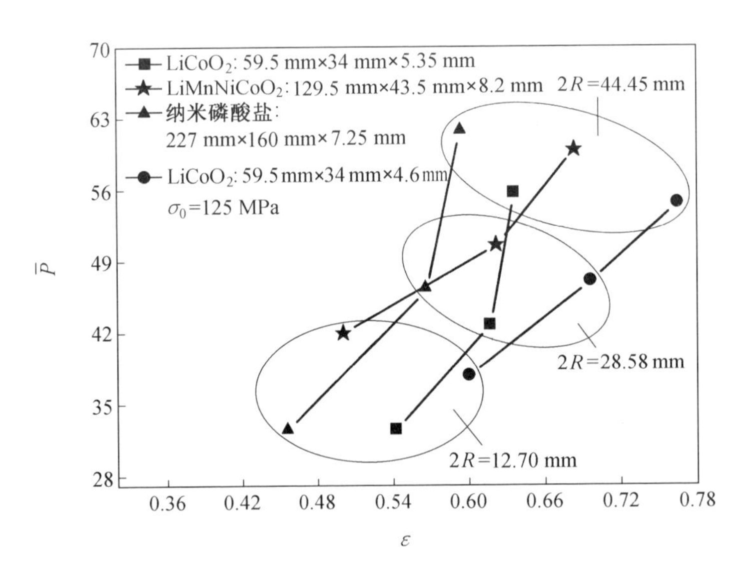

（b）不同的锂离子聚合物电池的正极材料

图 3.7 凹陷力随压缩位移和整体应变的变化情况

从力学的角度来看，当采用 $LiMnNiCoO_2$ 而不是 $LiCoO_2$ 和纳米磷酸盐作为正极材料时，锂离子聚合物电池在相同压头半径加载下具有更好的抗外载荷性能。而从电化学角度来看，与采用 $LiMnNiCoO_2$ 和纳米磷酸盐作为正极材料相比，将 $LiCoO_2$ 作为正极材料具有更高的能量容量。此外，从经济角度来看，与其他两种正极材料相比，由于钴矿资源稀缺，所以 $LiCoO_2$ 的成本较高。因此，根据电池的具体运行环境选择合适的正极材料是非常重要的。上述分析为选择合适的高能量容量、高抗外载荷性能的锂离子聚合物电池正极材料提供了参考。

3. 4. 3　变形区域的影响

方程（2.4）和方程（3.3）分别为基于正弦形函数的锂离子聚合物电池在圆柱压头和球形压头加载下的变形场，变形区域随不同压缩位移变化的理论和有限元结果如图 3.8 所示。该理论模型得到的变形区域与有限元结果基本一致。在圆柱压头载荷下，在压头直径的区间内存在有限元结果的压缩位移大于理论结果的现象[图 3.8（a）]，这是因为假设凹陷变形场在 $0 \leqslant \overline{r} \leqslant 1$ 区间内为常数 $\omega(r,\xi)=\delta$，如方程（2.4）所示。在球形压头载荷下，理论结果和有限元结果吻合很好[图 3.8（b）]，为了简化运算结果，假设接触半径可以表示为 $\rho=0.5R$，凹陷变形场可以通过将接触半径 $\rho=0.5R$ 代入方程（3.3）得到。变形区域随压缩位移的增大而增大，环形塑性区域呈径向向外扩展，如图 3.8（c）所示。随着压缩位移的增加，锂离子聚合物电池内部可能产生力学破坏并触发电池内部短路，这些现象被认为是一种危险的情况。

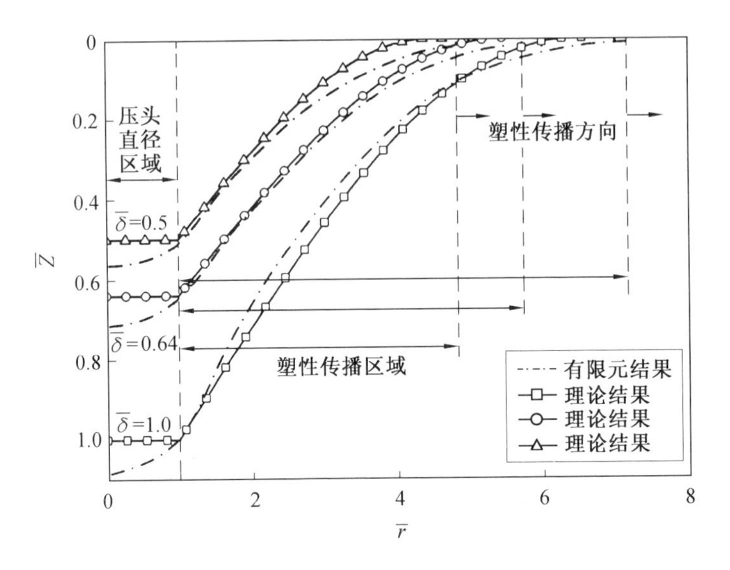

（a）锂离子聚合物电池在圆柱压头下的变形

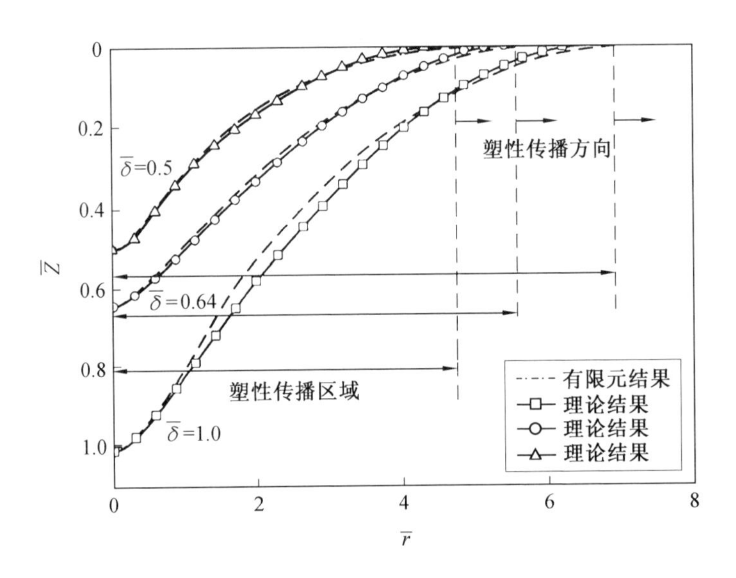

（b）锂离子聚合物电池在球形压头下的变形

图 3.8 变形区域随不同压缩位移变化的理论和有限元结果

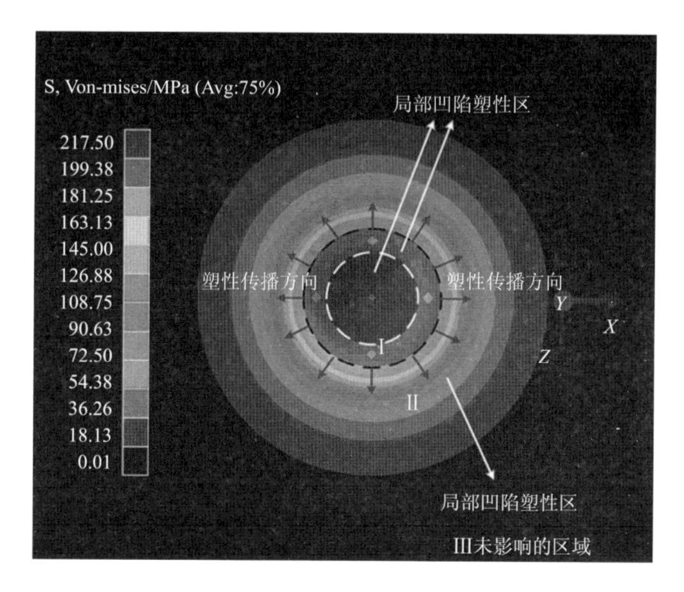

（c）环形塑性扩展区域和 von Mises 应力分布（彩图见附录）

续图 3.8

3.4.4　电芯对能量吸收的影响

根据能量守恒定律，锂离子聚合物电池的力学性能及内部短路行为可以通过电芯的能量吸收来表征。本章通过定义电芯和电池之间的塑性应变能比来研究电芯的能量吸收特性。塑性应变能比的表达式为

$$\alpha = \frac{\overline{U}_{\mathrm{c}}}{\overline{U}_{\mathrm{f}} + \overline{U}_{\mathrm{c}}} \tag{3.9}$$

式中　$\overline{U}_{\mathrm{f}}$——铝塑外壳的塑性应变能；

$\overline{U}_{\mathrm{c}}$——电芯的塑性应变能。

为了能够更直观地分析结果，定义以下无量纲参数，即

$$\overline{U}_{\mathrm{f}} = \frac{U_{\mathrm{f}}}{\sigma_0 h R^2}, \quad \overline{U}_{\mathrm{c}} = \frac{U_{\mathrm{c}}}{\sigma_0 h R^2} \tag{3.10}$$

将方程（2.11）、（2.13）、（2.15）和方程（3.10）代入方程（3.9）中，塑性应变能比可表示为

$$\alpha=\frac{\overline{\sigma}(\overline{\lambda}-1)(0.189\,4\,\overline{\lambda}^{2}+0.347\,9\,\overline{\lambda}+0.462\,7)}{\overline{h}\overline{\delta}(0.366\,9\,\overline{\lambda}+0.866\,9)+\overline{\sigma}(\overline{\lambda}-1)(0.189\,4\,\overline{\lambda}^{2}+0.347\,9\,\overline{\lambda}+0.462\,7)} \tag{3.11}$$

正则化变形区域和压缩位移对电芯的塑性应变能比的影响如图 3.9 所示。如图 3.9（a）所示，当压头半径不变时（$2R$=12.70 mm），电芯的塑性应变能比随压缩位移的增大而增大。当变形区域在 $0\leqslant\overline{\lambda}\leqslant0.4$ 区间时（区域 1），电芯的塑性应变能比缓慢增加；当变形区域在 $\overline{\lambda}\geqslant0.4$ 区间时（区域 2），电芯的塑性应变能比急剧增加。如图 3.9（b）所示，当压头半径不变时（$2R$=12.70 mm），电芯的塑性应变能比随变形区域的增大而增大。当电芯的塑性应变能比在 $1\leqslant\alpha\leqslant1.5$ 区间时（区域 3），其增加呈线性；当变形区域在 $\alpha\geqslant1.5$ 区间时（区域 4），其增加迅速。这意味着，当 $\overline{\lambda}\geqslant0.4$、$\alpha\geqslant1.5$ 时，电芯吸收的能量更多，此情况更容易引起电池的力学失效和触发内部短路。

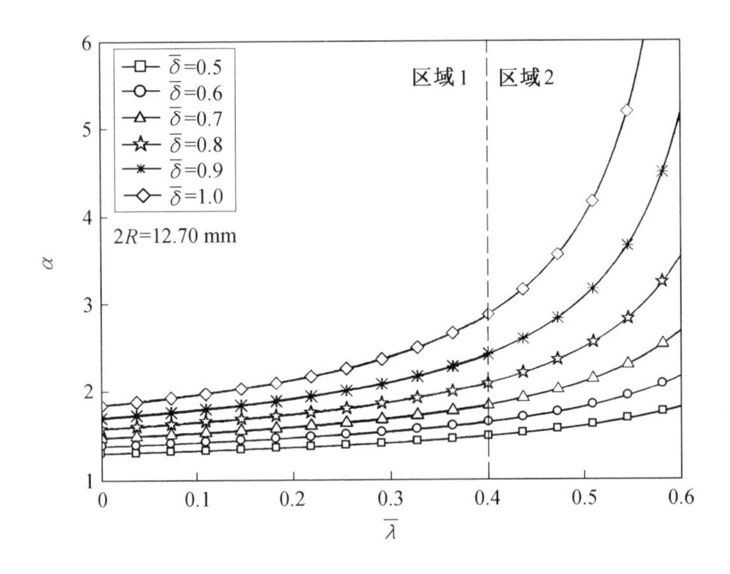

（a）正则化变形区域：$0\leqslant\overline{\lambda}\leqslant0.4$（区域 1）和 $\overline{\lambda}\geqslant0.4$（区域 2）

图 3.9　正则化变形区域和压缩位移对电芯的塑性应变能比的影响

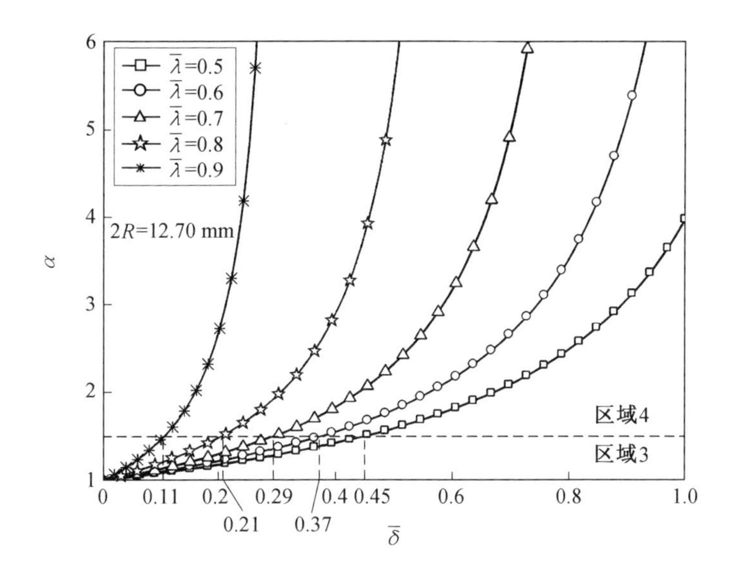

（b）正则化压缩位移：$1 \leqslant \alpha \leqslant 1.5$（区域 3）和 $\alpha \geqslant 1.5$（区域 4）

续图 3.9

3.5　本 章 小 结

（1）基于正弦形函数的位移场模型，得到锂离子聚合物电池在球形压头载荷下凹陷力与压缩位移之间的理论解析解，来表征含有不同正极材料电池的抗外载荷和触发内部短路能力。其中影响抗外载荷能力的主要因素是变形区域和压缩位移。

（2）建立相应的有限元模型。通过将本章的球形压头载荷下的理论和有限元结果与第 2 章中的柱形压头载荷下的理论结果和前人的实验结果进行比较，得到整体的对比结果基本一致。

（3）讨论了压缩位移和变形区域对凹陷力的影响。此外，从力学的角度来看，当采用 $LiMnNiCoO_2$ 而不是 $LiCoO_2$ 和纳米磷酸盐作为正极材料时，锂离子聚合物电池在相同压头半径加载下具有更好的抗外载荷性能。

（4）确定了触发电池内部短路的正则化变形区域的范围。根据能量守恒定律，

当正则化变形区域 $\bar{\lambda} \geqslant 0.4$、塑性应变能比 $\alpha \geqslant 1.5$ 时，锂离子聚合物电池更容易引起电池的力学失效和触发内部短路。

本章的研究结果能够为选择合适的具有高能量容量、高抗外载荷能力的正极材料提供参考。

第4章　锂离子电池隔膜的本构关系和变形失效研究

4.1 概　　述

锂离子电池作为动力能源时容易受到外界载荷的作用，电池内层组件很容易受到破坏。锂离子电池中的微孔隔膜在正极和负极之间，其主要作用是防止电池发生内部短路以及为锂离子的脱嵌提供良好通道。石墨负极的嵌锂电势与金属锂的电势非常接近，因此在一些极端情况下，如大倍率和低温充电，可能会使石墨负极的电势成为负电势，从而导致金属锂在负极表面析出。析出的金属锂会导致固态电解质界面膜增厚，最后形成金属锂枝晶。当隔膜在外力作用下发生机械故障时，锂枝晶可能会刺穿隔膜，严重威胁锂离子电池的安全。锂离子电池的应用范围和安全性能在很大程度上取决于隔膜的力学性能。因此，较高的拉伸强度和良好的韧性对提高隔膜的力学性能，如提高寿命和抗老化等具有重要作用。

目前关于隔膜的研究主要集中在研究其基本性能，如孔隙度、透气率和热稳定性等。此外，研究还集中在采用不同材料对隔膜改性和制造工艺的影响。由于隔膜的制造工艺不同，因此其力学性能具有明显的不同。通过干法制备的隔膜沿机器方向（machine direction，MD）、对角方向（diagonal direction，DD）和横断方向（transverse direction，TD）具有明显的各向异性效应，而湿法制备的隔膜是各向同性材料。表征隔膜的力学性能有很多测试标准，如美国材料与试验协会（American Society for Testing and Materials，ASTM）的D638和D882用于拉伸测试，以及D4830和D3763

用于穿刺测试。为了研究隔膜的各向异性效应，Zhang 等对不同类型隔膜的变形和破坏模式进行了研究。Xu 等设计了一系列实验来研究应变率效应和环境因素的耦合作用对隔膜动态行为的影响。Kalnaus 等研究了两种隔膜在单轴和双轴载荷作用下的失效模式。通过以上研究表明：温度、应变率和外界环境（干燥环境、水环境和碳酸二甲酯环境）均是影响隔膜力学行为的因素。前人的研究为了解隔膜在外力作用下的力学行为提供了坚实的基础。

目前，对隔膜计及应变率效应的本构关系和微屈曲变形行为的研究较少。因此，本章通过对不同的锂离子电池隔膜的力学测试，得到了锂离子电池隔膜在不同应变率下的变形和微屈曲行为，讨论了材料效应、各向异向效应和应变率效应等因素对电池隔膜变形失效的影响。此外，基于大变形行为，通过引入应变率强化系数和柔度系数，建立了电池隔膜计及应变率效应的本构关系和微屈曲模型，并讨论了应变率强化系数和柔度系数对电池隔膜力学性能的影响。

4.2 实验模型和有限元模型

4.2.1 实验模型

本章主要对 Celgard 2325 和 Celgard H1612 微观隔膜进行准静态拉伸实验研究，这两种实验对象都是由微观 PP/PE/PP 的聚烯烃材料组成的。Celgard 隔膜是通过干法单向拉伸工艺制备而成的，该工艺先通过生产硬弹性纤维的方法制备出低结晶度、高取向的聚烯烃隔膜，再高温退火获得高结晶度的取向隔膜。该隔膜先在低温下进行拉伸形成微缺陷，然后在高温下使缺陷拉开，形成扁长的微孔结构。作者通过采用超高分辨率场发射扫描电子显微镜（FE-SEM，FEI Verios G4），在 10 kV 和 2 kV 的加速电压和真空环境下，观察了 3 层隔膜的平面内和横截面的微观结构（图 4.1）。

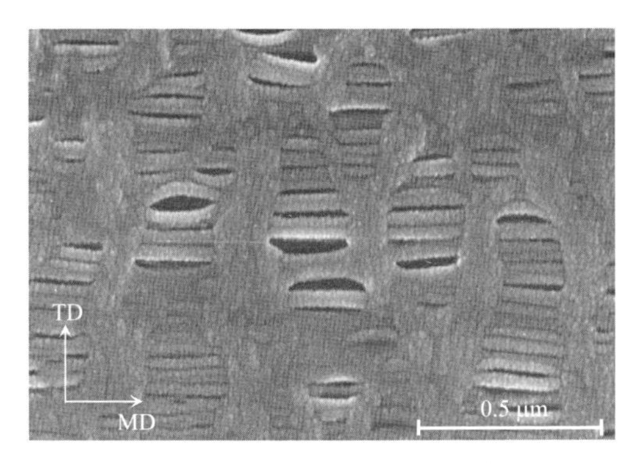

（a）Celgard 2325 平面内

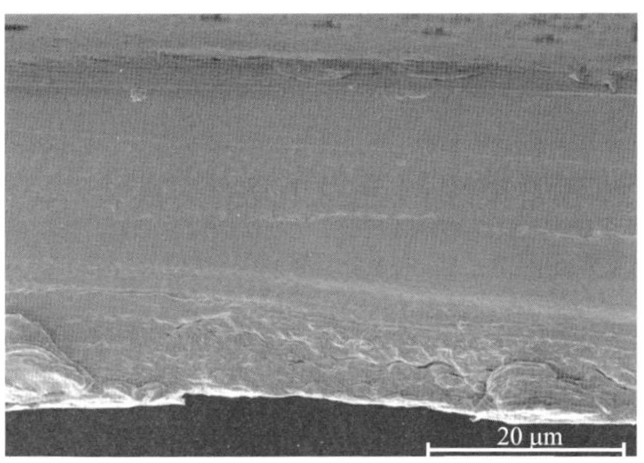

（b）Celgard 2325 横截面

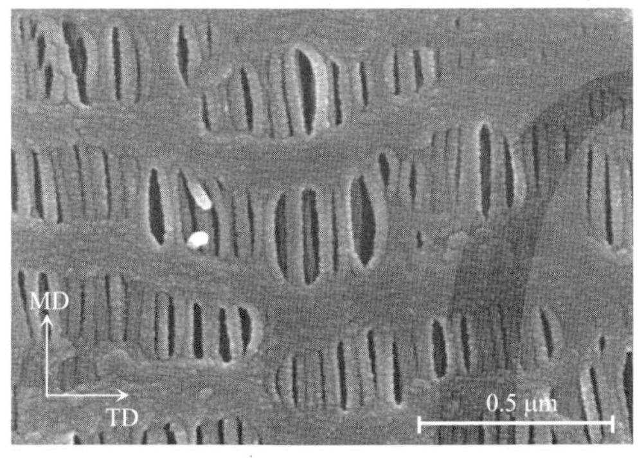

（c）Celgard H1612 平面内

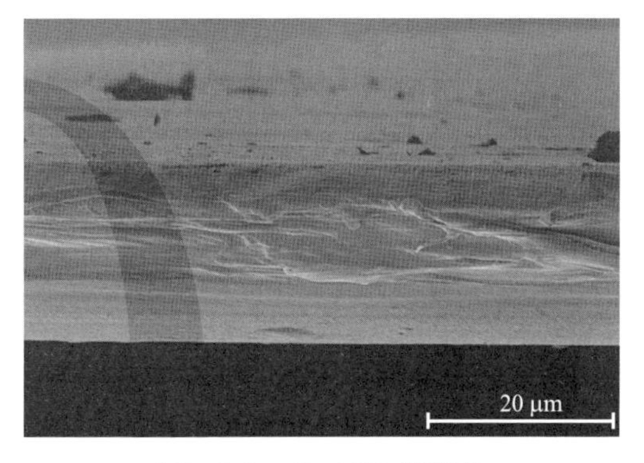

（d）Celgard H1612 横截面

图 4.1　两种微观 PP/PE/PP 隔膜试样的微观结构

表征隔膜稳定性和长循环寿命的主要物理性能参数包括隔膜的厚度、透气率、孔隙率、PP 材料的孔径、力学性能和热收缩率等。Celgard 2325 和 Celgard H1612 隔膜的主要物理性能参数见表 4.1。需要注意的是，隔膜的透气率可用 MacMullin 数来描述。MacMullin 数与空气透气性成正比，其通常用日本工业标准（JIS）的 Gurley 值来表示。由于隔膜的制备工艺（亚微米孔隙）和力学性能（拉伸强度）沿 MD 和 TD 方向不同，因此隔膜存在一定程度的各向异性。聚丙烯层的孔隙应足够小来防止电极粒子和导电添加剂的渗透，且其均匀而曲折的内部结构有利于抑制锂枝晶的生长。一般来说，在锂电池应用中，聚丙烯层的孔径尺寸小于 1 μm 是满足要求的。隔膜的孔隙率为隔膜吸收液体前与吸收液体后的质量比，即

$$孔隙率=\left(\frac{\Omega-\Omega_0}{\rho_1 V_0}\right)\times 100\%$$

式中　Ω_0 ——隔膜吸收液体前的质量；

Ω ——隔膜吸收液体后的质量；

ρ_1 ——液体的密度；

V_0 ——隔膜的体积。

隔膜的理想孔隙率为 40%～60%。隔膜在 90 ℃、1 h 下的热收缩率是通过正交方向来确定的。

表 4.1　Celgard 2325 和 Celgard H1612 隔膜的主要物理性能参数

隔膜	厚度/μm①	透气率/s	孔隙率/%	孔径尺寸/μm	拉伸强度/MPa		穿刺载荷/N	热收缩率/%②	
					TD	MD		TD	MD
Celgard 2325 (PP/PE/PP)	25	620	39	0.028	14.71	166.71	>3.724	0	<5
Celgard H1612 (PP/PE/PP)	16	250	44	0.036	15.69	196.13	>3.528	0	<1.6

注：① 隔膜厚度的均匀性对锂离子电池的稳定性和长循环寿命起着重要作用。一般来说，典型的隔膜厚度为 20～25 μm。

② 对于隔膜热收缩率的要求一般为：当温度升高时，隔膜不能明显收缩和起皱。隔膜在 90 ℃、1 h 下的热收缩率一般小于 5%。

根据 ASTM D638 聚合物材料拉伸性能测试标准，由于实验所选的隔膜具有各向异性，因此分别沿隔膜的 MD、TD 和 DD 3 个方向制备条状拉伸试件[图 4.2（a）]。首先，为保证试样几何形状的一致性，切割制备厚度为 0.5 mm 的亚克力模板；其次，试样在笛卡尔坐标纸上沿着亚克力模板的周向切割来提高尺寸精度和切割质量。试样的总长度和总宽度分别为 L=80 mm、B=20 mm，标距长度为 l=35 mm。实验采用 SANS CMT4104 型电子万能试验机（500 N）进行，其实验力的测量范围为 0.2%～100% FS；最小精度为 0.005 N；实验力示值相对误差为示值的±1%以内；试验力分辨力为最大试验力的 1/±300 000（全程分辨力不变）。位移示值相对误差为示值的±0.5%以内；位移分辨力为 0.03 μm；力控速率调节范围为 0.005%～5% FS/S；力控速率相对误差为设定值的±1%以内；横梁速度调节范围为 0.001～500 mm/min。当加载速率<0.01 mm/min 时，横梁速度相对误差为设定值的±1.0%以内；当加载速率≥0.01 mm/min 时，横梁速度相对误差为设定值的±0.2%以内。试样两端用橡胶垫粘接[图 4.2（b）]，将其夹持在拉伸实验机的两端来防止实验过程中隔膜的滑动和撕裂[图 4.2（c）]。所有实验均在 30 ℃不同应变速率下进行。

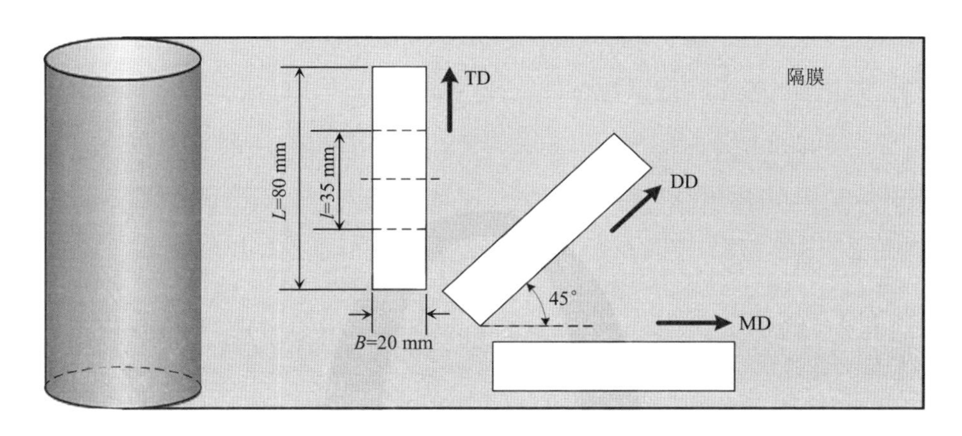

（a）Celgard 2325 和 Celgard H1612 高分子隔膜沿 MD、TD 和 DD 拉伸

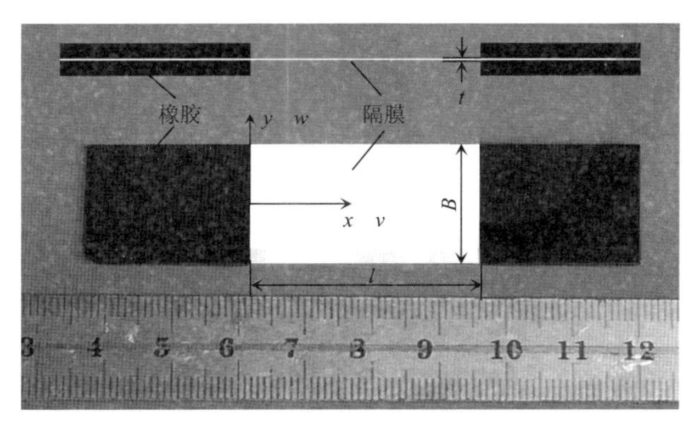

（b）试样两端用橡胶垫粘接

（c）实验采用 SANS CMT4104 型电子万能试验机进行

图 4.2　Celgard 2325 和 Celgard H1612 隔膜的静态拉伸试验

4.2.2 有限元模型

通过有限元软件 ABAQUS/explicit 建立各向异性隔膜的有限元模型来研究隔膜的拉伸变形行为。假设隔膜在单轴拉伸下的应力场近似为平面应力场（σ_z=0 和 τ_{xz}=τ_{yz}=0）。由于隔膜在拉伸过程中存在较大的塑性应变和各向异性，因此隔膜在 MD、DD 和 TD 方向的材料性能不同。在 ABAQUS/explicit 软件中，沿着 0°、45° 和 90° 的材料性能是通过实验中获得的 MD、DD 和 TD 的应力-应变曲线来输入的。隔膜采用四节点四边形沙漏控制的缩减积分膜单元（M3D4R），沿隔膜厚度方向采用两个积分点。有限元模型由 17 980 个节点和 17 500 个单元组成。有限元模型一端固定，另一端在不同应变速率下进行拉伸。

4.3 结果与讨论

4.3.1 各向异性效应和变形

为了保证实验结果的精度和可靠性，本节做出了 3 个重复的隔膜试样（以 Celgard 2325 为例）在应变率为 $\dot{\varepsilon}$=0.005 s^{-1} 下沿 MD 方向的典型应力-应变曲线[图 4.3（a）]，得到实验结果具有很好的一致性。由图 4.3（a）可以看出，应力-应变曲线分为 5 个阶段：弹性阶段由初始线性弹性阶段（第 I 阶段）和非线性弹性阶段（第 II 阶段）组成，其中弹性模量由初始线性弹性阶段的斜率得到。当应变大于 0.1 时，在非线性弹性阶段表现出明显的非线性效应和弹性增强效应。塑性阶段由屈服阶段（第III阶段）和冷拔阶段（第Ⅳ阶段）组成。在冷拔阶段，隔膜内部的随机取向非晶聚合物会转变为有序非晶聚合物，因此，冷拔阶段对提高隔膜的强度和表面形态具有重要作用。最后阶段为失效阶段（第Ⅴ阶段）。隔膜沿 MD 方向表现出明显的弹性行为且没有应变硬化效应[图 4.3（a）]；沿 MD、DD 和 TD 方向表现出明显的各向异性效应[图 4.3（b）]。当应变分别达到 0.28 和 0.07 后，隔膜沿 DD 和 TD 方向分别表现出应变硬化效应。沿 MD、DD 和 TD 方向的弹性模量分别为 E_{MD}=554 MPa、E_{DD}=

363 MPa 和 E_{TD}=206 MPa；失效应力分别为σ_{fMD}=158 MPa、σ_{fDD}=19.2 MPa 和σ_{fTD}=12.2 MPa；对应的失效应变分别为ε_{fMD}=0.97、ε_{fDD}=7.8 和ε_{ffTD}=14.4。因此，隔膜沿 MD 方向具有较高的强度和较低的韧性，而隔膜沿 DD 和 TD 方向具有较低的强度和较高的韧性。

由于隔膜存在较大的各向异性效应，因此其沿不同方向的变形和失效模式存在较大差异。图 4.3（c）、（d）和 4.3（e）给出了 Celgard 2325 隔膜沿 MD、DD 和 TD 方向的失效模态。隔膜沿 MD 方向的失效横截面呈锯齿状[图 4.3（c）]，而沿 TD 方向的失效横截面较光滑[图 4.3（e）]。由于隔膜同一横截面处具有相同力学强度，因此其失效方向垂直于相应的加载方向，这种失效主要是由拉伸破坏引起的。然而，沿 DD 方向拉伸的隔膜的失效方向与拉伸方向之间存在一定的夹角（旋转现象），如图 4.3（d）所示。造成这种旋转现象的主要原因是 DD 方向横截面两侧的力学强度不同，这种失效主要是由拉伸和剪切联合破坏引起的。此外，隔膜在应变率为 $\dot{\varepsilon}$=0.005 s^{-1} 下沿 MD 方向的失效应变（ε_{fMD}=0.97）远小于沿 TD 方向（ε_{fTD}=14.4）和 DD 方向（ε_{fDD}=7.8）的失效应变。

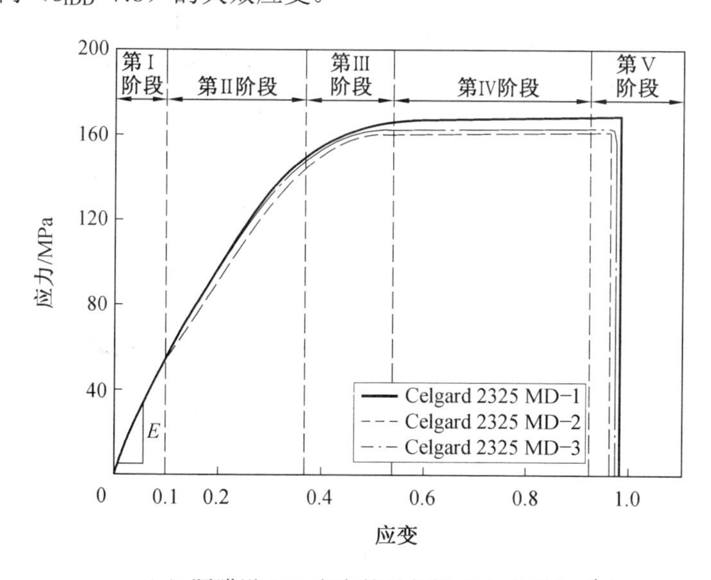

（a）隔膜沿 MD 方向的重复性（$\dot{\varepsilon}$=0.005 s^{-1}）

图 4.3　Celgard 2325 隔膜在单轴拉伸下的力学性能

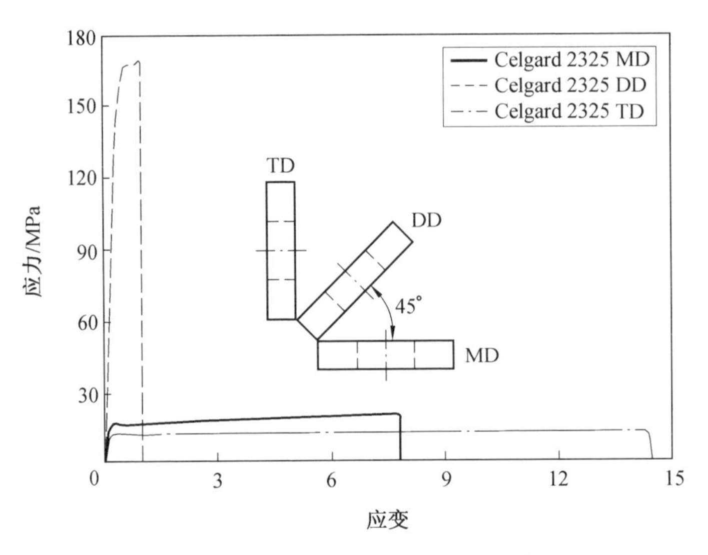

（b）各向异向效应（$\dot{\varepsilon}$=0.005 s^{-1}）

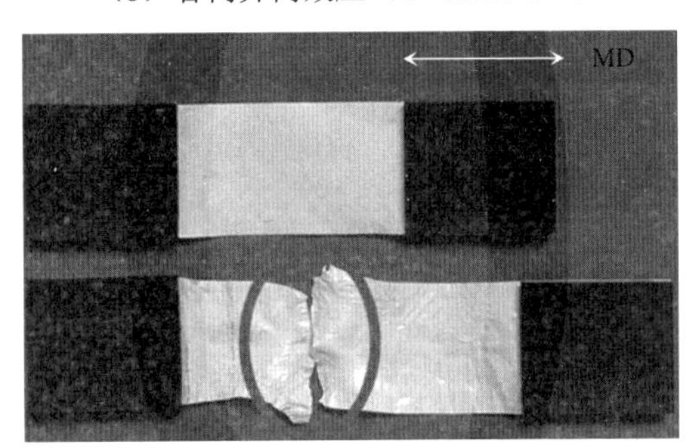

（c）沿 MD 方向的失效模态（$\dot{\varepsilon}$=0.005 s^{-1}）

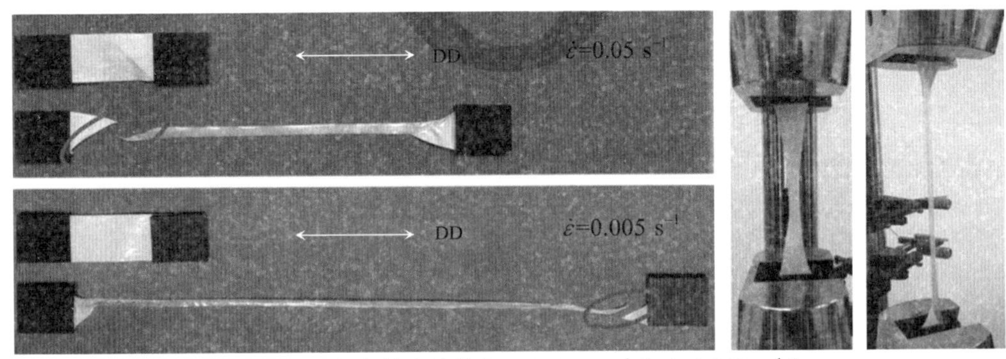

（d）沿 DD 方向的失效模态（$\dot{\varepsilon}$=0.05 s^{-1} 和 $\dot{\varepsilon}$=0.005 s^{-1}）

续图 4.3

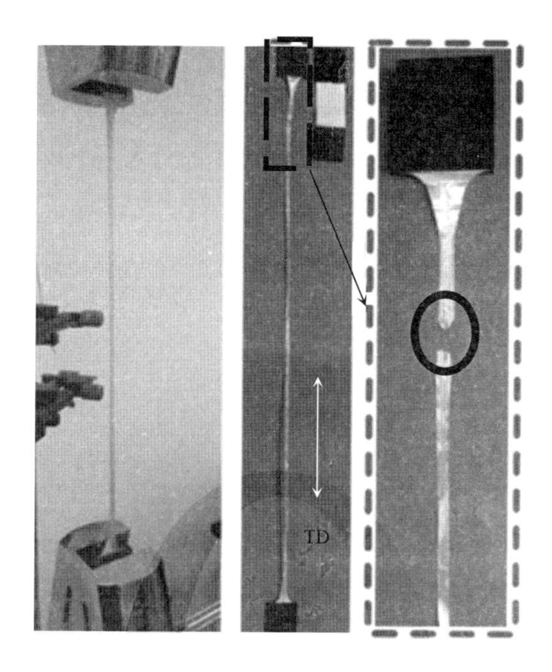

（e）沿 TD 方向的失效模态（$\dot{\varepsilon}$=0.005 s^{-1}）

续图 4.3

由于 Celgard H1612 隔膜在有限元结果中的变形模态与 Celgard 2325 的相似，故仅对 Celgard 2325 隔膜沿 MD、DD 和 TD 方向的有限元结果和实验结果进行对比（图 4.4）。由于计算过程中会产生过大的变形而导致结果不收敛，因此有限元模型仅考虑有限变形。由图 4.4 可以看出，有限元结果与实验结果吻合很好，并且，有限元结果和实验结果都观察到了隔膜沿 DD 方向的旋转现象[图 4.4（b）]。沿 MD 方向拉伸的隔膜失效强度高、失效韧性低，没有表现出应变软化[图 4.4（a）]；而沿 TD 方向拉伸的隔膜失效强度低、失效韧性高，因此表现出明显的应变软化[图 4.4（c）]；沿 DD 方向拉伸的隔膜的应变软化程度介于上述两种情况之间。

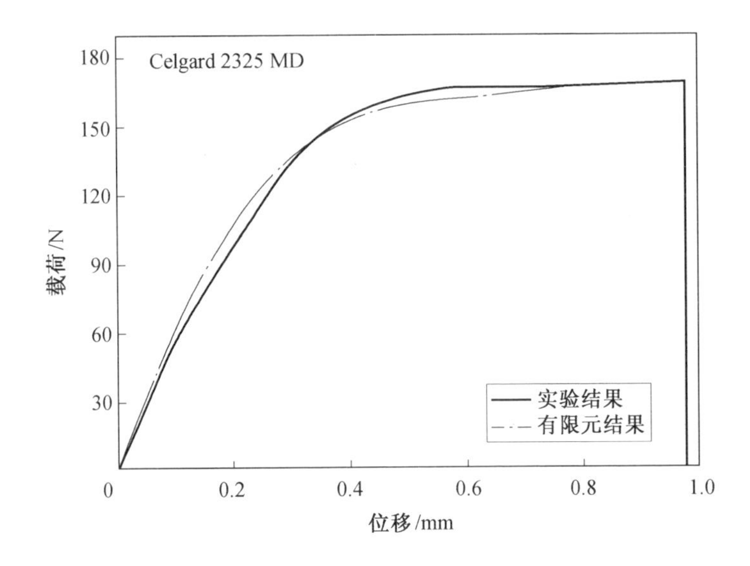

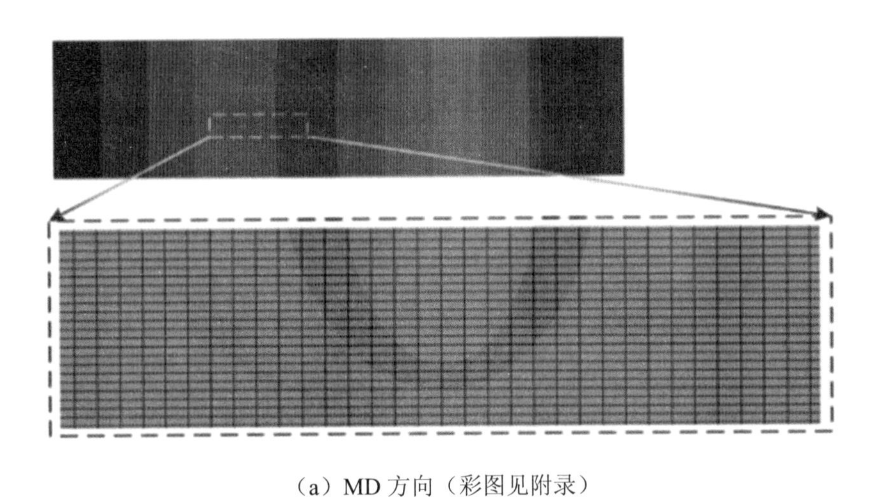

（a）MD 方向（彩图见附录）

图 4.4 Celgard 2325 隔膜在单轴拉伸下的有限元结果和实验结果对比

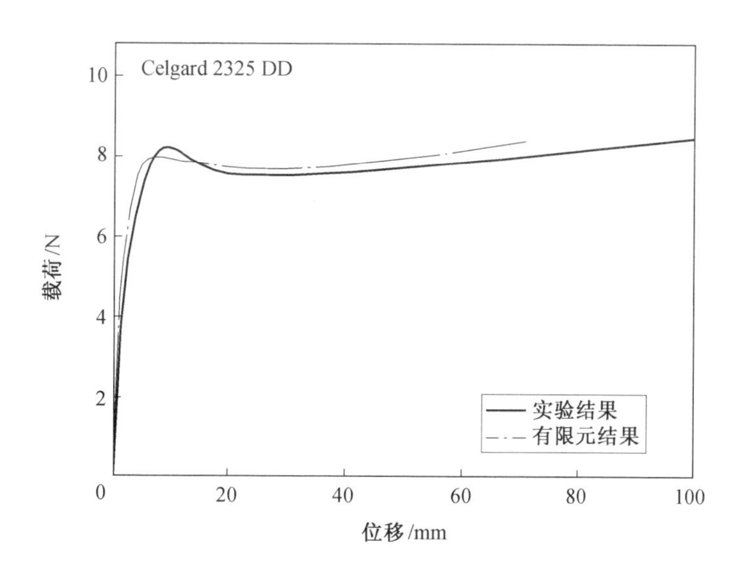

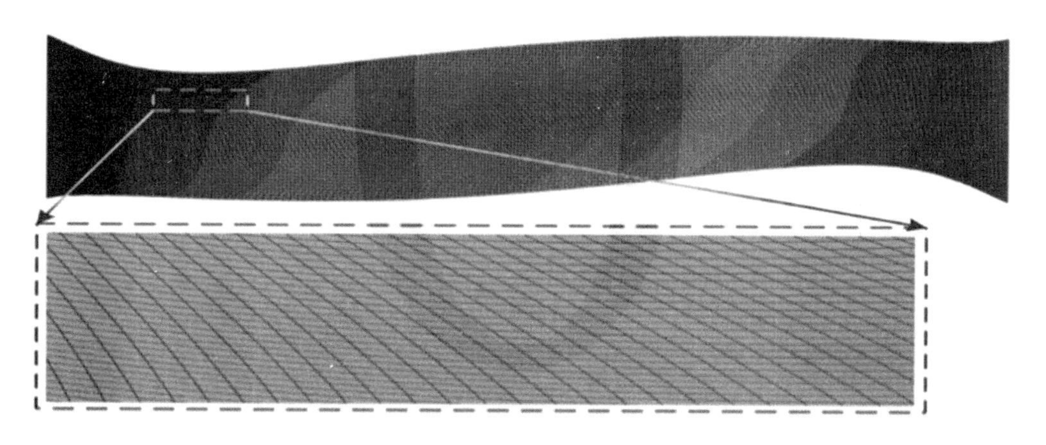

（b）DD 方向（彩图见附录）

续图 4.4

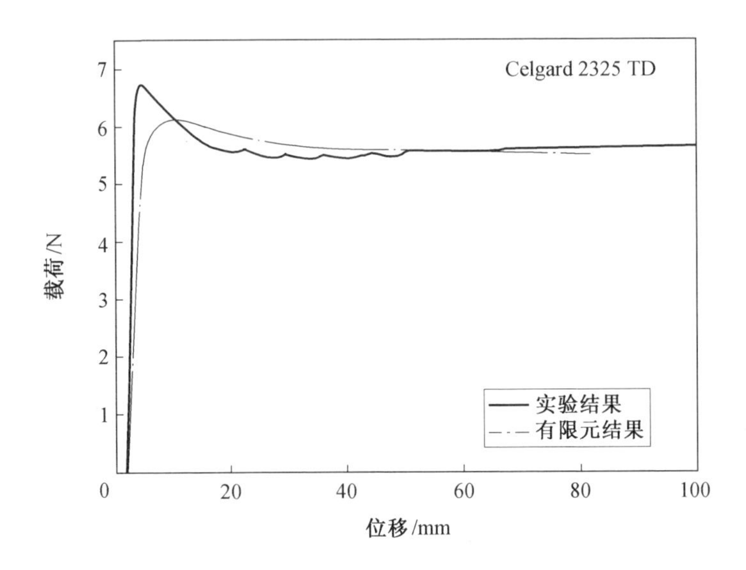

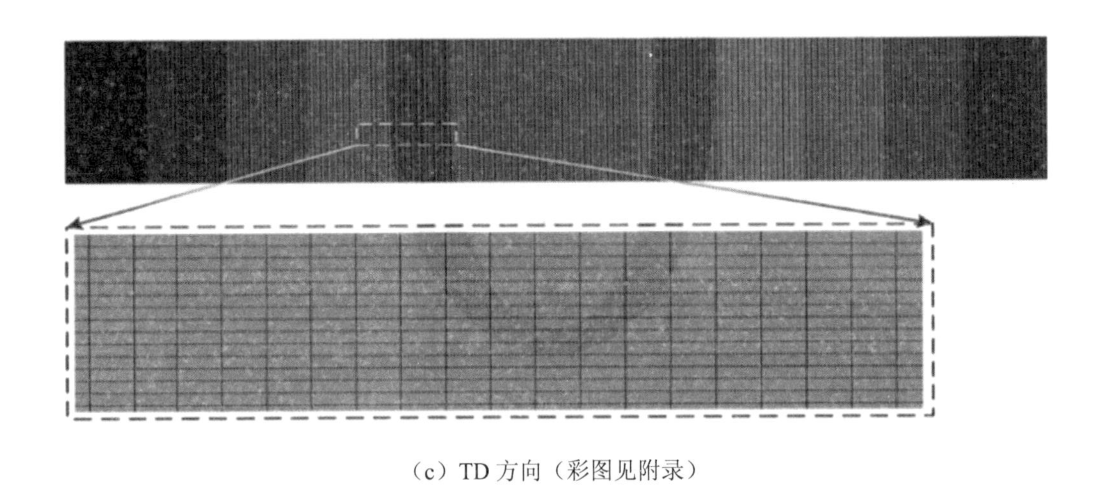

（c）TD 方向（彩图见附录）

续图 4.4

4.3.2　应变率效应

根据图 4.3（d）的实验结果，应变率为 $\dot{\varepsilon}$=0.05 s^{-1} 时的失效应变 ε_{fDD}=4.6 小于应变率为 $\dot{\varepsilon}$=0.005 s^{-1} 时的失效应变 ε_{fDD}=7.8，因此隔膜具有明显的应变率效应。Celgard 2325 和 Celgard H1612 隔膜在应变率为 0.002 s^{-1}、0.02 s^{-1}、0.2 s^{-1} 下沿 MD、DD、TD 方向的应力-应变曲线如图 4.5 所示。从图 4.5 中可以看出，隔膜在冷拔阶段沿 MD 方向呈现出应变中性[图 4.5（a）和图 4.5（b）]，沿 DD 方向[图 4.5（c）和图 4.5（d）]和 TD 方向[图 4.5（e）和图 4.5（f）]呈现出应变硬化的现象。实验结果表明，随着应变率的增大，隔膜的弹性模量和屈服应力增大，而失效应变减小。此外，在相同的应变率下，Celgard 2325 隔膜与 Celgard H1612 隔膜相比具有更高的失效应变。

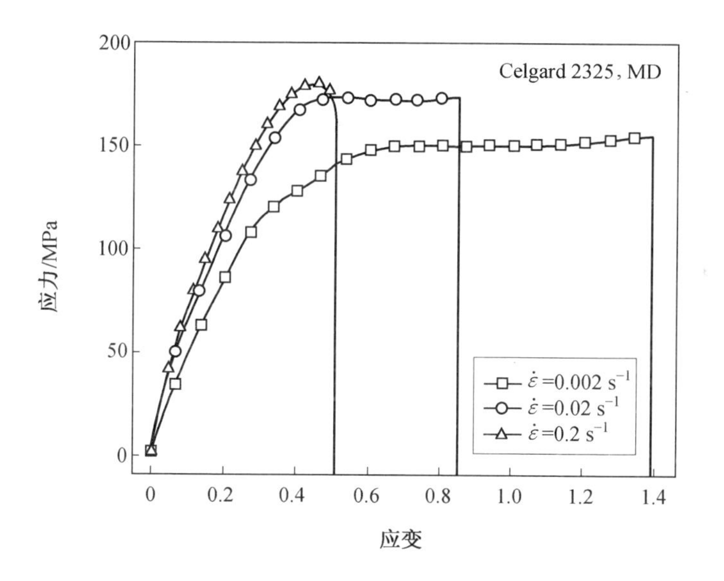

（a）Celgard 2325（MD 方向）

图 4.5　Celgard 2325 和 Celgard H1612 隔膜在应变率为 0.002 s^{-1}、0.02 s^{-1}、0.2 s^{-1} 下沿 MD、DD、TD 方向的应力-应变曲线

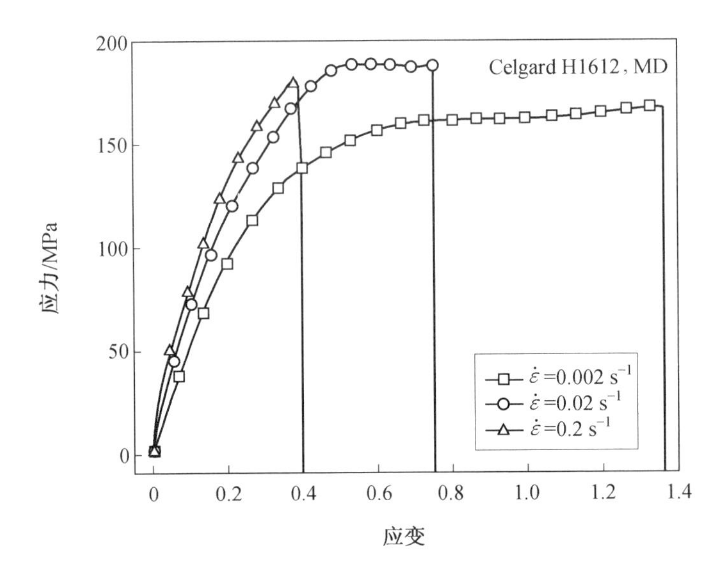

（b）Celgard H1612（MD 方向）

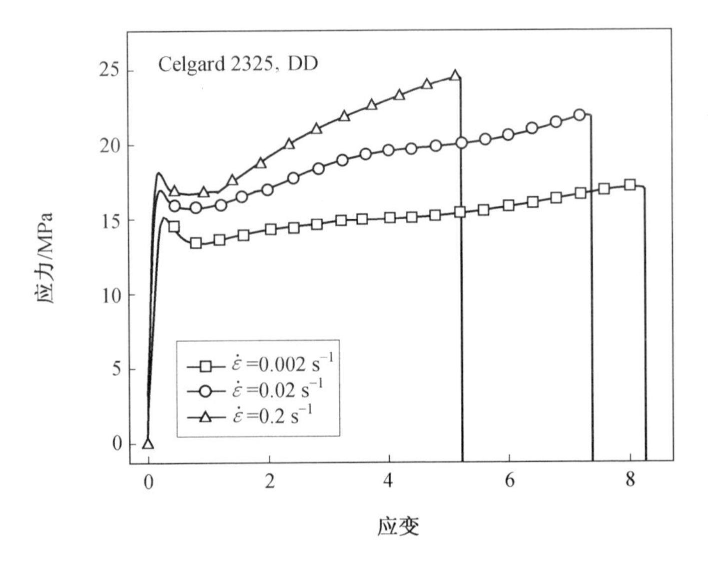

（c）Celgard 2325（DD 方向）

续图 4.5

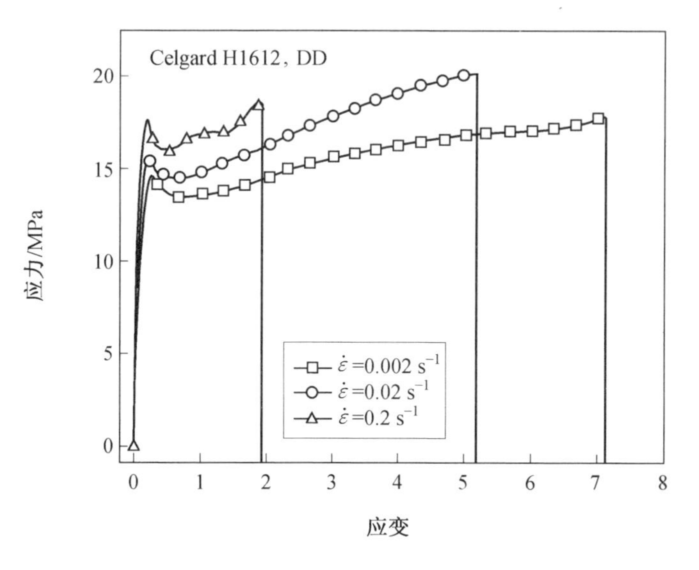

（d）Celgard H1612（DD 方向）

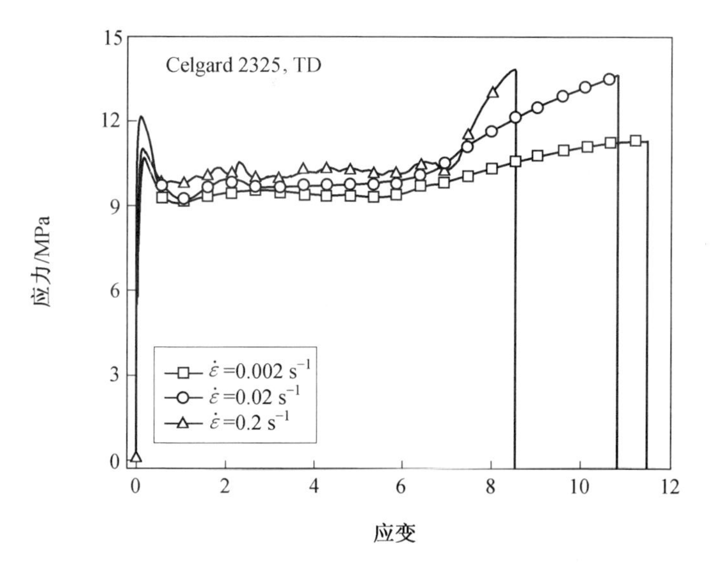

（e）Celgard 2325（TD 方向）

续图 4.5

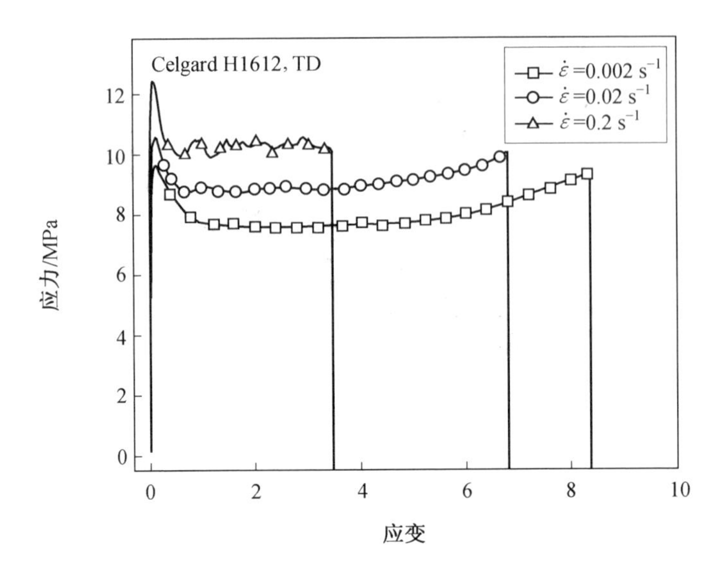

（f）Celgard H1612（TD 方向）

续图 4.5

隔膜在冷拔阶段呈现出明显的非线性效应和应变硬化/软化/中性效应，而隔膜的非线性程度取决于应变率。假设隔膜的总应变为弹性应变项和非弹性应变项的总和，即

$$\varepsilon = \varepsilon_e + \varepsilon_i \tag{4.1}$$

式中　ε_e——弹性应变；

　　　ε_i——非弹性应变。

由于加载引起的弹性应变与加载历史和加载路径无关，因此隔膜在弹性阶段的本构关系满足胡克定律。弹性应变可以表示为

$$\varepsilon_e = \frac{\sigma}{E(\dot{\varepsilon})} \tag{4.2}$$

式中　$E(\dot{\varepsilon})$——弹性模量，是应变率的函数。

假设隔膜在非弹性阶段的本构关系满足幂次定律，因此非弹性应变可以表示为

$$\varepsilon_i = J(\dot{\varepsilon})\sigma\varepsilon^{\kappa} \tag{4.3}$$

式中　$J(\dot{\varepsilon})$——拉伸柔量系数，该系数是应变率的函数，$J(\dot{\varepsilon})=\dfrac{1}{E(\dot{\varepsilon})}$；

κ——幂指数。

将方程（4.2）、（4.3）代入方程（4.1），隔膜的本构方程可以写为

$$\sigma=\frac{E(\dot{\varepsilon})\varepsilon}{1+E(\dot{\varepsilon})J(\dot{\varepsilon})\varepsilon^{\kappa}} \tag{4.4}$$

根据方程（4.4），应力-应变曲线的斜率由应力对应变的导数得到，即

$$\frac{\partial\sigma}{\partial\varepsilon}=\frac{E(\dot{\varepsilon})\left[1+(1-\kappa)E(\dot{\varepsilon})J(\dot{\varepsilon})\varepsilon^{\kappa}\right]}{\left[1+E(\dot{\varepsilon})J(\dot{\varepsilon})\varepsilon^{\kappa}\right]^{2}} \tag{4.5}$$

其中，对于产生较小应变的隔膜材料来说，其应变只处于弹性阶段，因此总应变满足 $\varepsilon^{\kappa}\ll 1$；而对于产生较大应变的隔膜材料来说，其应变不仅处于弹性阶段，而且含有很大非弹性应变，因此总应变满足 $\varepsilon^{\kappa}\gg 1$。因此，方程（4.4）可以分情况简化为

$$\frac{\partial\sigma}{\partial\varepsilon}=\begin{cases}E(\dot{\varepsilon}) & (\varepsilon^{\kappa}\ll 1)\\ \dfrac{1-\kappa}{J(\dot{\varepsilon})\varepsilon^{\kappa}} & (\varepsilon^{\kappa}\gg 1)\end{cases} \tag{4.6}$$

对于产生较小应变的隔膜材料来说（$\varepsilon^{\kappa}\ll 1$），材料处于弹性阶段，弹性模量为 $E=\mathrm{d}\sigma/\mathrm{d}\varepsilon$。对于产生较大应变的隔膜材料来说（$\varepsilon^{\kappa}\gg 1$），材料的后屈服行为包含了应变硬化（$\dfrac{\partial\sigma}{\partial\varepsilon}>0$）、应变软化（$\dfrac{\partial\sigma}{\partial\varepsilon}<0$）和应变中性（$\dfrac{\partial\sigma}{\partial\varepsilon}=0$），因此方程（4.4）可以退化为

$$\sigma=\begin{cases}\dfrac{1}{J(\dot{\varepsilon})}\varepsilon^{1-\kappa} & (\kappa<1)\text{ 应变硬化}\\ \dfrac{1}{J(\dot{\varepsilon})} & (\kappa=1)\text{ 应变中性}\\ \dfrac{1}{J(\dot{\varepsilon})}\varepsilon^{1-\kappa} & (\kappa>1)\text{ 应变软化}\end{cases} \tag{4.7}$$

当 κ<1 时，隔膜的后屈服行为表现为应变硬化行为；当 κ>1 时，隔膜的后屈服行为表现为应变软化行为；当 κ=1 时，隔膜的后屈服行为表现为应变中性行为。隔膜的应力-应变曲线随幂指数 κ 的变化情况如图 4.6（a）所示。由于幂指数不仅影响应力-应变曲线的形状，而且极大地影响隔膜的屈服应力值，应力值随着幂指数的增加而增加，因此隔膜的后屈服行为由幂指数决定。简化的材料行为，包括弹性线性软化、弹性完全塑性和弹性线性硬化。隔膜的应力-应变曲线随拉伸柔量系数 J 的变化情况如图 4.6（b）所示，应力值随着拉伸柔量系数的增加而减小。

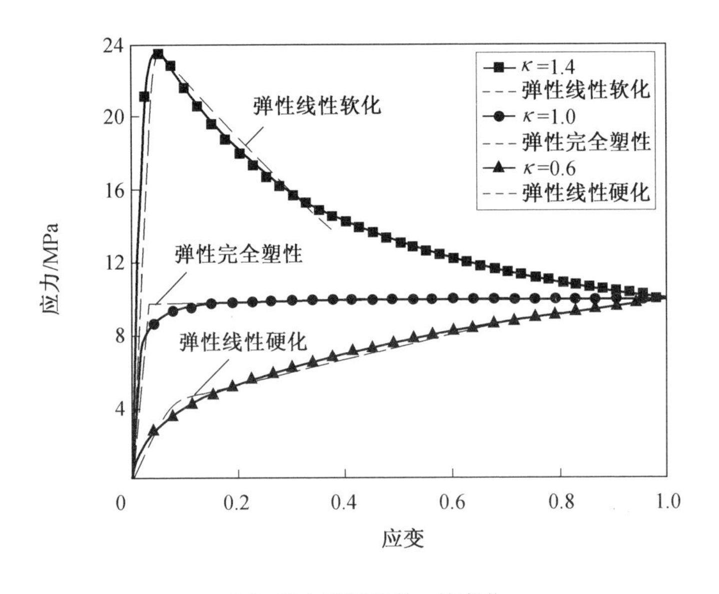

（a）应力随幂指数 κ 的变化

图 4.6　隔膜的应力-应变曲线

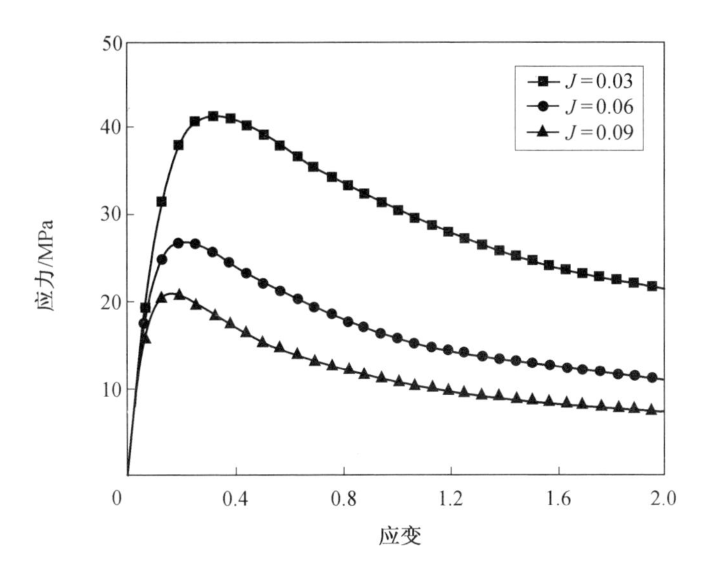

（b）应力随拉伸柔量系数 J 的变化

续图 4.6

根据 Johnson-Cook 模型，可以通过建立强度对数函数来测量复合材料的应变率效应。与应变率相关的弹性模量和屈服应力可以描述为

$$E(\dot{\varepsilon}) = E_0\left(1+\lambda_1 \ln\frac{\dot{\varepsilon}}{\dot{\varepsilon}_0}\right) \tag{4.8}$$

$$\sigma_s(\dot{\varepsilon}) = \sigma_{s0}\left(1+\lambda_2 \ln\frac{\dot{\varepsilon}}{\dot{\varepsilon}_0}\right) \tag{4.9}$$

式中　E_0——弹性模量参照值；

σ_{s0}——屈服应力参照值；

$\dot{\varepsilon}_0$——塑性应变率参照值，$\dot{\varepsilon}_0 = 0.002\ \text{s}^{-1}$；

$\dot{\varepsilon}$——真实应变率分量；

λ_1、λ_2——应变率强化系数，其表达式分别为 $\lambda_1 = \dfrac{\partial E(\dot{\varepsilon})}{E_0 \partial \ln(\dot{\varepsilon})}$、$\lambda_2 = \dfrac{\partial \sigma_s(\dot{\varepsilon})}{\sigma_{s0} \partial \ln(\dot{\varepsilon})}$。

幂指数和应变率强化系数可通过将方程（4.8）和 $J(\dot{\varepsilon})=\dfrac{1}{E(\dot{\varepsilon})}$ 代入方程（4.4）得到。隔膜的本构方程可以写为

$$\ln\left\{\frac{\varepsilon}{\sigma}-\frac{1}{E_0[1+\lambda_1(\ln\dot{\varepsilon}-\ln\dot{\varepsilon}_0)]}\right\}=\kappa\ln\varepsilon-\ln E_0-\ln[1+\lambda_1(\ln\dot{\varepsilon}-\ln\dot{\varepsilon}_0)] \quad (4.10)$$

此外，屈服应力 σ_s 和屈服应变 ε_s 可通过应力-应变曲线的斜率得到，即当 $\sigma=\sigma_s$ 和 $\varepsilon=\varepsilon_s$ 时，满足条件 $\dfrac{\partial\sigma}{\partial\varepsilon}=0$。根据方程（4.5），屈服应变 ε_s 可表示为

$$\varepsilon_s=\left[\frac{1}{(\kappa-1)E(\dot{\varepsilon})J(\dot{\varepsilon})}\right]^{\frac{1}{\kappa}} \quad (4.11)$$

将方程（4.11）和方程（4.8）代入方程（4.4），屈服应力 σ_s 可表示为

$$\sigma_s=\frac{(\kappa-1)^{1-\frac{1}{\kappa}}}{\kappa}E_0[1+\lambda_1(\ln\dot{\varepsilon}-\ln\dot{\varepsilon}_0)] \quad (4.12)$$

将方程（4.11）、（4.12）和 $J(\dot{\varepsilon})=\dfrac{1}{E(\dot{\varepsilon})}$ 代入方程（4.9），得到与应变率相关的幂指数 κ 与应变率强化系数 λ_1 和 λ_2 之间的关系表达式为

$$\ln\frac{\sigma_{s0}}{E_0}=\frac{\kappa-1}{\kappa}\ln(\kappa-1)-\ln\kappa+\ln\frac{1+\lambda_1(\ln\dot{\varepsilon}-\ln\dot{\varepsilon}_0)}{1+\lambda_2(\ln\dot{\varepsilon}-\ln\dot{\varepsilon}_0)} \quad (4.13)$$

Celgard 2325 和 Celgard H1612 隔膜沿 MD、DD 和 TD 方向与应变率相关的材料参数分别可以通过应力-应变曲线得到，该材料参数包含弹性模量 E 和屈服应力 σ_s[图 4.7（a）～（d）]。由图 4.7（a）～（d）可以看出，隔膜在相同的拉伸方向和应变率下，这些线性曲线接近平行。这意味着不同隔膜的弹性模量和屈服应力中的应变率强化系数 λ_1、λ_2 分别接近相同。当应变率为 0.02 s^{-1} 时，Celgard 2325 和 Celgard H1612 沿 TD 方向拉伸后的微观结构如图 4.7(e)所示。Celgard 2325 和 Celgard H1612 隔膜沿 MD、DD 和 TD 方向的应变率强化系数见表 4.2。Celgard H1612 隔膜的弹性模量和屈服应力均分别大于 Celgard 2325 隔膜，且应变率强化系数 λ_1 和 λ_2 的

最大误差小于 15%。

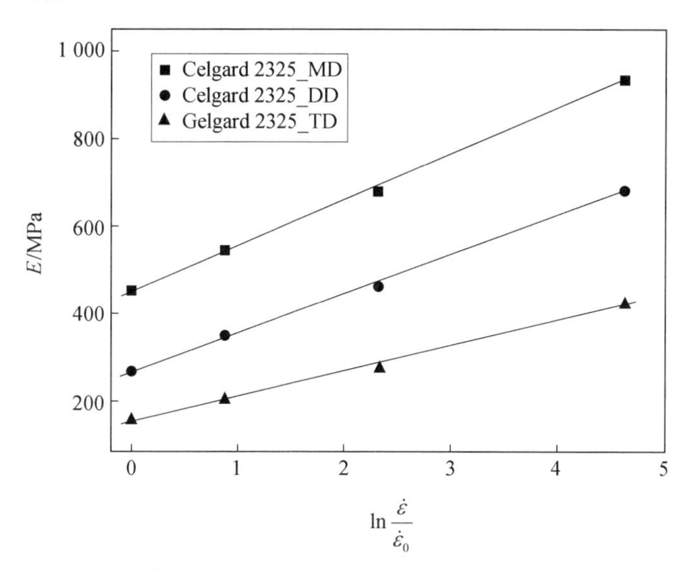

（a）Celgard 2325 沿 MD、DD 和 TD 方向的弹性模量

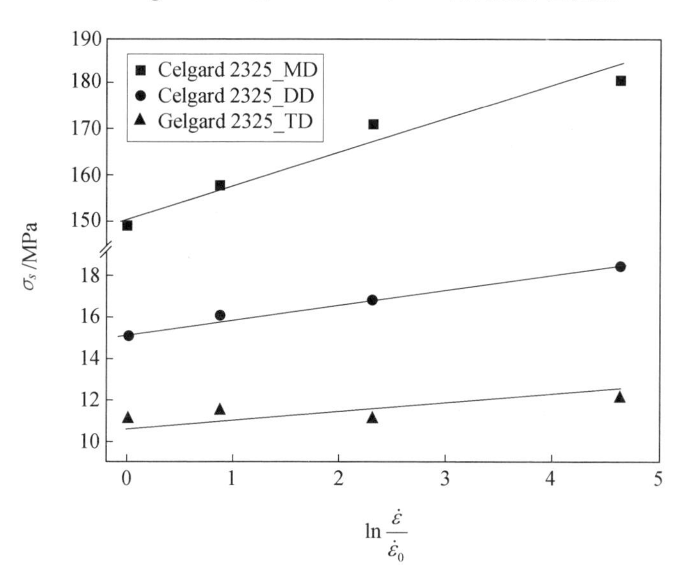

（b）Celgard 2325 沿 MD、DD 和 TD 方向的屈服应力

图 4.7　两种隔膜与应变率相关的材料参数及变形后的微观结构

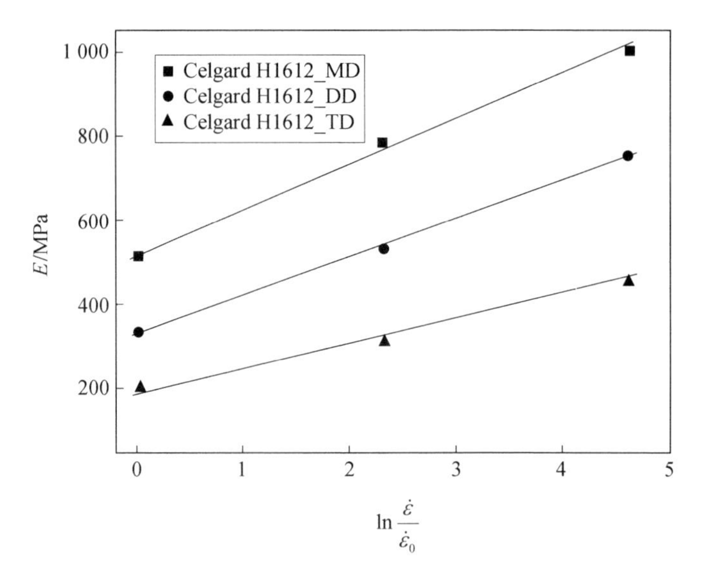

（c）Celgard H1612 沿 MD、DD 和 TD 方向的弹性模量

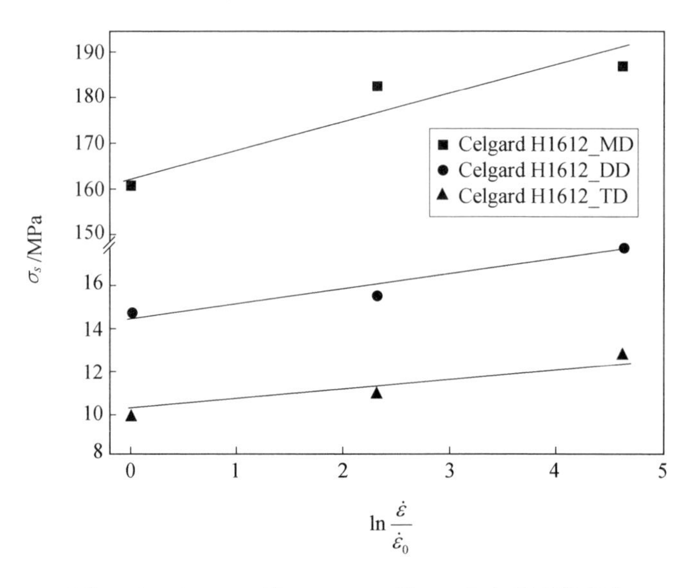

（d）Celgard H1612 沿 MD、DD 和 TD 方向的屈服应力

续图 4.7

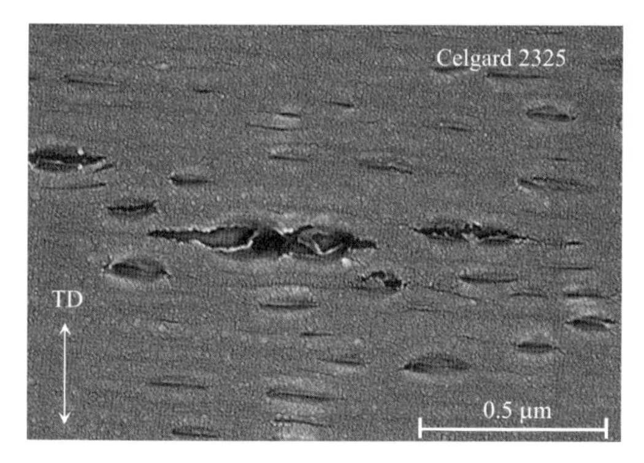

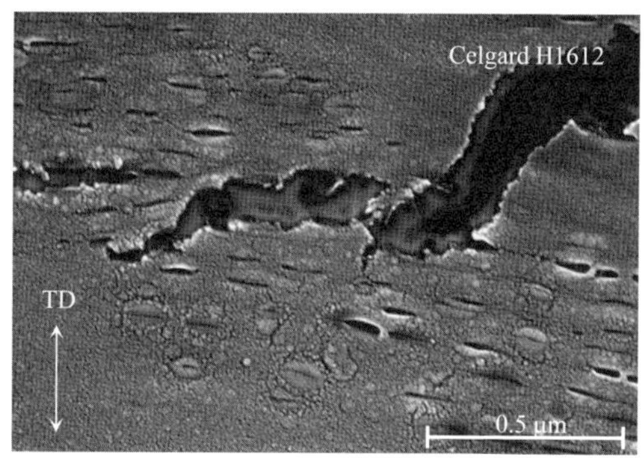

（e）Celgard 2325 和 Celgard H1612 在应变率为 0.02 s^{-1} 下沿 TD 方向拉伸后的微观结构

续图 4.7

表 4.2　Celgard 2325 和 Celgard H1612 隔膜沿 MD、DD 和 TD 方向的应变率强化系数

拉伸方向	材料参数	Celgard 2325	Celgard H1612	误差/%
MD	E_0/ MPa	460.66	505.47	—
	λ_1	2.24×10^{-1}	2.16×10^{-1}	3.57
	σ_{s0}/ MPa	149.49	160.78	—
	λ_2	4.87×10^{-2}	4.85×10^{-2}	0.41
DD	E_0/ MPa	276.40	342.37	—
	λ_1	3.11×10^{-1}	2.80×10^{-1}	9.97
	σ_{s0}/ MPa	15.06	14.81	—
	λ_2	4.89×10^{-2}	4.85×10^{-2}	0.82
TD	E_0/ MPa	165.21	205.18	—
	λ_1	3.41×10^{-1}	3.07×10^{-1}	9.97
	σ_{s0}/ MPa	10.04	9.91	—
	λ_2	3.56×10^{-2}	4.18×10^{-2}	14.83

4.3.3 微屈曲行为

隔膜在拉伸过程中，在 x 方向和 y 方向观察到一系列的微屈曲模态和银纹图案（图 4.8）。其主要原因是由于固定端边界条件的限制，因此在隔膜的内部存在一定范围的拉伸应变。隔膜在生产过程中，在初始熔融状态冷却时形成无序的非晶态结构，继而通过小范围的拉伸，内部分子链重排，实现较高的抗张强度和较高的模量等。但是生产中的拉伸变形很小，只是在微观层面形成微孔洞和分子链的重排。当隔膜在拉伸实验过程中受到恒定拉力作用时，由于其拉伸位移较大，因此聚合物分子在冷拔阶段可能存在择优排列的现象，在沿拉伸方向上存在强度的重新分配。

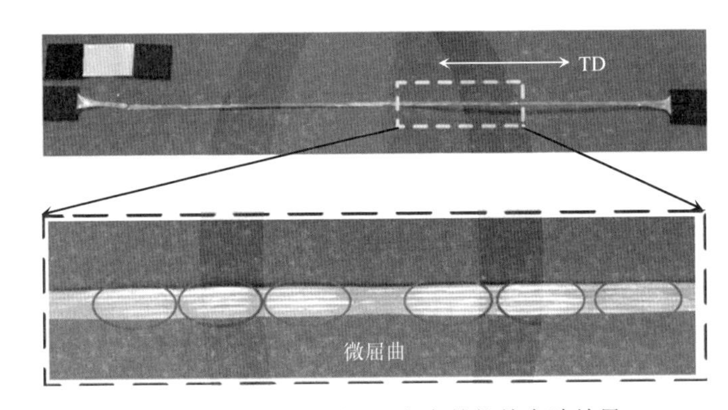

（a）Celgard 2325 沿 TD 方向的拉伸实验结果

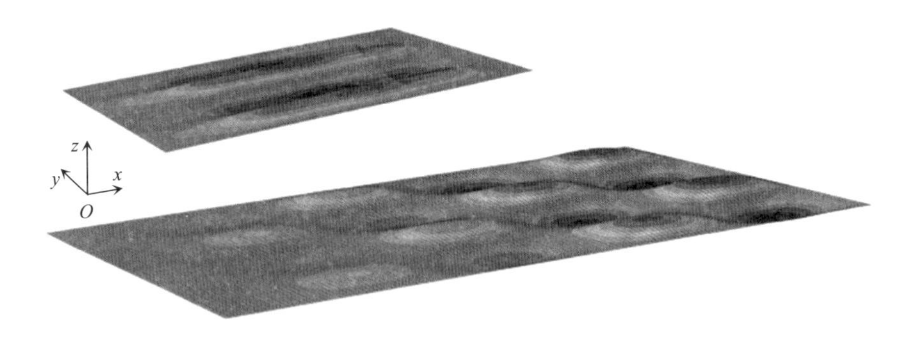

（b）有限元结果

图 4.8　高分子隔膜的微屈曲行为

当隔膜在中面内承受平行于中面的载荷而屈曲时，在隔膜内将产生弯曲内力 M_x、M_y、M_{xy}、Q_x 和 Q_y[图 4.9（a）]。除此之外，还存在平行于中面的内力 F_x 和 F_y[图 4.9（b）]。

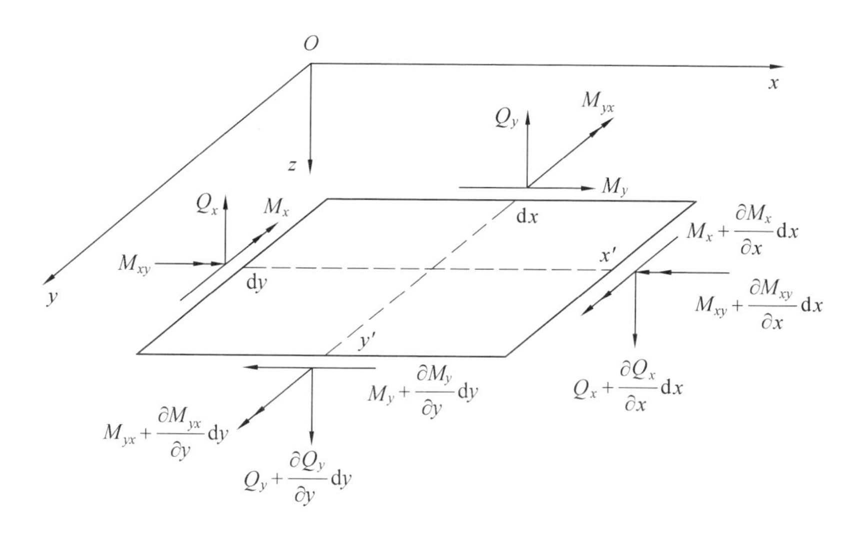

（a）弯曲内力

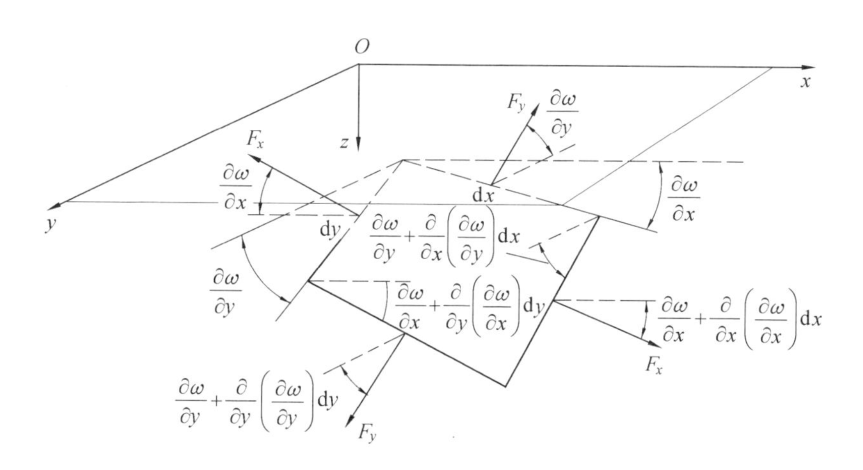

（b）中面内力

图 4.9　隔膜在合力作用下的微元体

建立隔膜在屈曲状态下的平衡方程，需要考虑由于挠度 $w(x, y)$引起的变形，假设这两种内力相互解耦，因此可以先分别考虑，然后再组合求解。单位宽度的隔膜微元在两种内力共同作用下沿 z 方向的平衡方程可写为

$$\sum z=0:\ \frac{\partial Q_x}{\partial x}+\frac{\partial Q_y}{\partial y}+F_x\frac{\partial^2 w}{\partial x^2}+F_y\frac{\partial^2 w}{\partial y^2}=0 \tag{4.14}$$

式中 $w(x, y)$——隔膜上给定任意一点 $\zeta(x, y)$在 z 方向的挠度；

F_x——沿 x 方向的拉力；

F_y——沿 y 方向的压力。

由图 4.9（a）可知，隔膜沿 x' 和 y' 方向（分别平行于 x 和 y 方向）的力矩平衡条件为

$$\sum M_{x'}=0:\ \frac{\partial M_y}{\partial y}+\frac{\partial M_{xy}}{\partial x}=Q_y \tag{4.15}$$

$$\sum M_{y'}=0:\ \frac{\partial M_x}{\partial x}+\frac{\partial M_{xy}}{\partial y}=Q_x \tag{4.16}$$

将方程（4.15）和方程（4.16）代入方程（4.14），平衡方程可表示为

$$\frac{\partial^2 M_x}{\partial x^2}+2\frac{\partial^2 M_{xy}}{\partial x\partial y}+\frac{\partial^2 M_y}{\partial y^2}+F_x\frac{\partial^2 w}{\partial x^2}+F_y\frac{\partial^2 w}{\partial y^2}=0 \tag{4.17}$$

隔膜单位宽度上的弯矩 M_x、M_y 和扭矩 M_{xy} 可表示为

$$\begin{cases} M_x=-D\left(\dfrac{\partial^2 w}{\partial x^2}+\mu\dfrac{\partial^2 w}{\partial y^2}\right) \\ M_y=-D\left(\dfrac{\partial^2 w}{\partial y^2}+\mu\dfrac{\partial^2 w}{\partial x^2}\right) \\ M_{xy}=-D(1-\mu)\dfrac{\partial^2 w}{\partial x\partial y} \end{cases} \tag{4.18}$$

式中　D——隔膜的抗弯刚度，$D=\dfrac{Et^3}{12(1-\mu^2)}$；

t——隔膜微元的厚度。

将方程（4.18）代入方程（4.17），隔膜屈曲的偏微分平衡方程可表示为

$$D\left(\frac{\partial^4 w}{\partial x^4}+2\frac{\partial^4 w}{\partial x^2 y^2}+\frac{\partial^4 w}{\partial y^4}\right)=F_x\frac{\partial^2 w}{\partial x^2}+F_y\frac{\partial^2 w}{\partial y^2} \tag{4.19}$$

假设隔膜上任意一点 $\zeta(x, y)$在 z 方向的挠度 $w(x, y)$的双调和函数可表示为重三角级数形式，即

$$w(x,y)=\sum_{n=1}^{\infty}\sum_{m=1}^{\infty}A_{nm}\sin\frac{n\pi x}{l}\sin\frac{m\pi y}{B} \tag{4.20}$$

式中　n——隔膜屈曲时在 x 方向形成的半波数目；

m——隔膜屈曲时在 y 方向形成的半波数目。

需要注意的是，双调和函数显然满足边界条件：当 $x=0$、$x=l$、$y=0$、$y=B$ 时，$w=0$。为使 $w(x, y)$满足隔膜的偏微分平衡方程（4.19），将方程（4.20）代入，可得

$$D\sum_{n=1}^{\infty}\sum_{m=1}^{\infty}A_{nm}\left\{\left[\left(\frac{n\pi}{l}\right)^2+\left(\frac{m\pi}{B}\right)^2\right]^2+F_x\left(\frac{n\pi}{l}\right)^2+F_y\left(\frac{m\pi}{B}\right)^2\right\}\sin\frac{n\pi x}{l}\sin\frac{m\pi y}{B}=0 \tag{4.21}$$

对于方程（4.21），若 $A_{nm}=0$，则 $w=0$，隔膜保持平直，不会发生微屈曲。对于隔膜出现微屈曲状态，此时 $w\neq 0$ 且 $A_{nm}\neq 0$。因此，使方程（4.21）成立的条件是等号左端各项的系数为 0，即

$$D\left[\left(\frac{n\pi}{l}\right)^4+2\left(\frac{n\pi}{l}\right)^2\left(\frac{m\pi}{B}\right)^2+\left(\frac{m\pi}{B}\right)^4\right]=-F_x\left(\frac{n\pi}{l}\right)^2-F_y\left(\frac{m\pi}{B}\right)^2 \tag{4.22}$$

求解方程（4.22），隔膜沿 x 方向的拉伸力为

$$F_x=-\frac{\pi^2 Et^3}{12(1-\mu^2)}\frac{\left[\left(\dfrac{n}{l}\right)^2+\left(\dfrac{m}{B}\right)^2\right]^2}{C\left(\dfrac{m}{B}\right)^2+\left(\dfrac{n}{l}\right)^2} \tag{4.23}$$

式中　C——比例因子，其表达式为

$$C=\frac{F_y}{F_x}=\frac{\sigma_y l}{\sigma_x B} \tag{4.24}$$

对于拉伸实验，根据泊松效应中面内力 F_x 和 F_y 的方向相反，因此 $C \leqslant 0$。根据方程（4.23），可得到导致隔膜在 x 方向屈曲的临界应力为

$$\sigma_{x,\mathrm{crit}}=-\frac{\pi^2 E}{12(1-\mu^2)}\left(\frac{t}{B}\right)^2 k \tag{4.25}$$

式中　k——欧拉屈曲系数，其表达式为

$$k=\frac{\left[m^2+\left(\frac{nB}{l}\right)^2\right]^2}{Cm^2+\left(\frac{nB}{l}\right)^2} \tag{4.26}$$

当 $F_x \gg F_y$、C=0、m=1 时，欧拉屈曲系数 k 可退化为 $k=\left(\frac{l}{nB}+\frac{nB}{l}\right)^2$。通过隔膜半波数随不同长宽比的变化情况可以得到欧拉屈曲系数的最小包络曲线，如图 4.10 所示。

最小半波数 $n_{\min}$ 可由稳定条件 $\frac{\partial k}{\partial n}=0$ 得到，即 $n_{\min}=ml\frac{\sqrt{1-2C}}{B}$。最小屈曲系数和相应的在 x 方向的临界载荷分别表示为

$$k_{\min}=4(1-C) \tag{4.27}$$

$$\sigma_{x,\mathrm{crit}}=-\frac{\pi^2 E(1-C)}{3(1-\mu^2)}\left(\frac{t}{B}\right)^2 \tag{4.28}$$

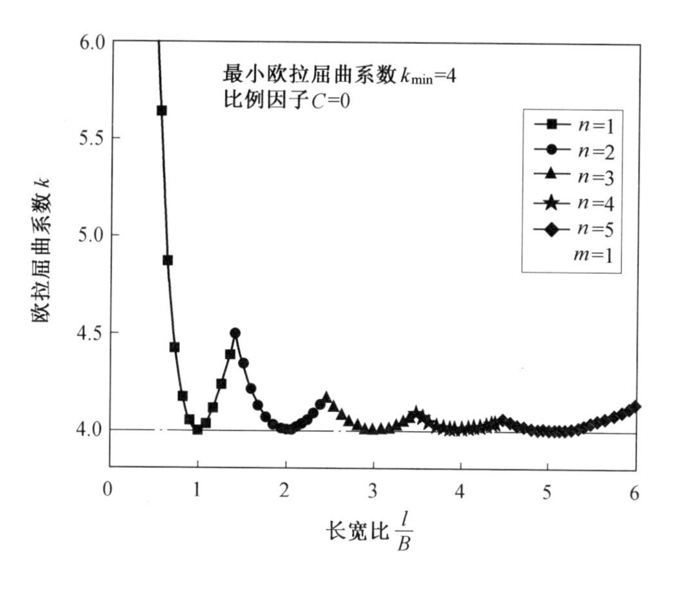

（a）$k_{\min}$=4，C=0，m=1

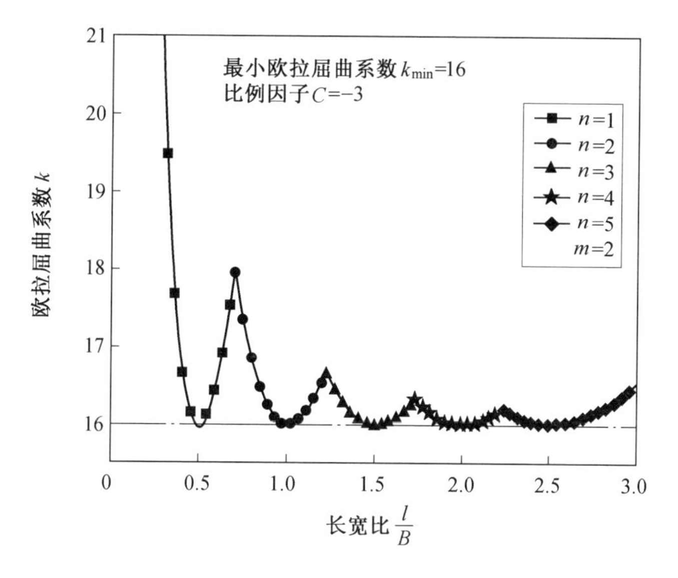

（b）$k_{\min}$=16，C=−3，m=2

图 4.10　欧拉屈曲系数的最小包络曲线

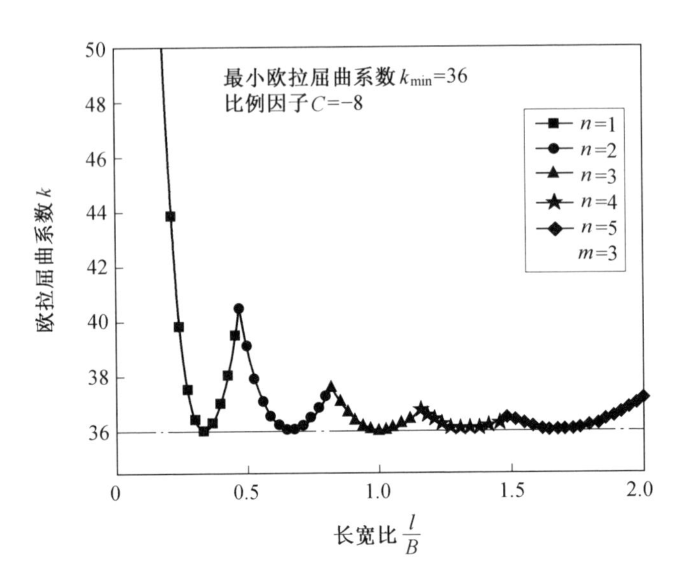

（c）k_{min}=36，C=−8，m=3

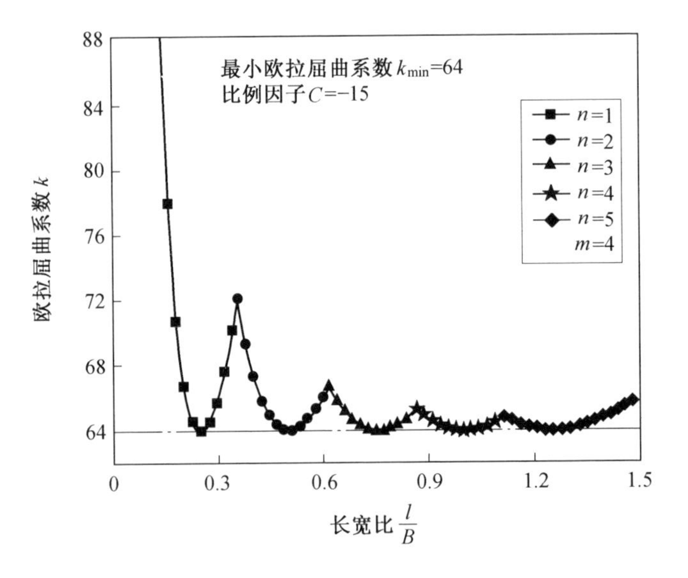

（d）k_{min}=64，C=−15，m=4

续图 4.10

隔膜的临界应力随比例因子（x 方向）的变化情况如图 4.11 所示。临界应力的变化曲线可分为两个区域：拉应力（正值）和压应力（负值）。如图 4.11（a）所示，随着半波数 m 的增加，最大拉应力增大，而最大压应力减小。因此，半波数 m 明显决定了隔膜的失效模式。例如，当 $m=3$ 时，隔膜的破坏是由压应力引起的；而当 $m=8$ 时，隔膜的破坏是由拉应力引起的。因此，对于隔膜产生半波数为 $m=5$ 微屈曲单元，其破坏区域位于压应力区域附近。此外，最大拉应力和压应力随着半波数 n 的增加而增大，如图 4.11（b）所示，其中拉应力近似等于最大压应力。结果表明，在一定的应力比范围内，半波数 n 对隔膜的破坏模式的影响不明显。

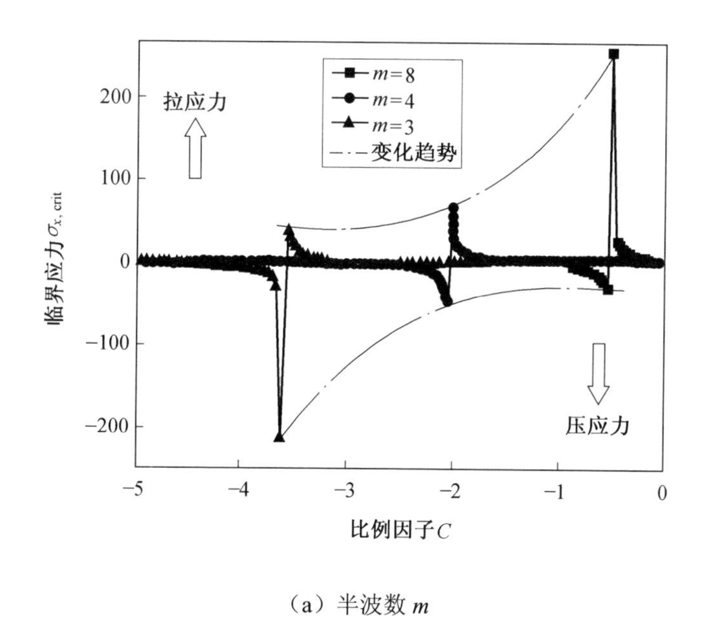

（a）半波数 m

图 4.11　隔膜的临界应力随比例因子（x 方向）的变化情况

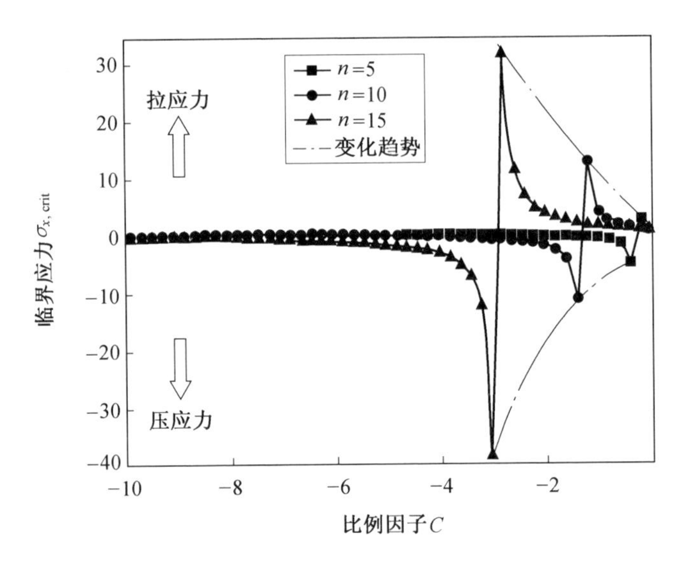

（b）半波数 n

续图 4.11

为了确定隔膜在 x 方向的临界应力 $\sigma^*_{x,\mathrm{crit}}$，引入系数 k_c 得到简单的临界应力表达式。因此，临界应力可表示为

$$\sigma^*_{x,\mathrm{crit}} = k_\mathrm{c} E\left(\frac{t}{B}\right)^2 \tag{4.29}$$

式中 $k_\mathrm{c} = \dfrac{-k\pi^2}{12(1-\mu^2)}$，可以通过查阅数据图得到。

通过方程（4.29）计算，Celgard 2325 和 Celgard H1612 隔膜沿 TD 方向的临界应力 $\sigma_{\mathrm{crit},2325}$= 12.5 MPa、$\sigma_{\mathrm{crit},1612}$=13.1 MPa。将理论结果与实验结果对比，误差率分别为 2.5%和 6.9%。

4.4 本章小结

本章研究了 Celgard 2325 和 Celgard H1612 各向异性锂离子电池隔膜在单轴拉伸作用下的应变率效应和微屈曲行为。结果表明，隔膜沿 MD、DD 和 TD 方向具有明显的各向异性效应和应变率效应。隔膜的应力-应变曲线分为 5 个阶段：弹性阶段、非线性弹性阶段、屈服阶段、冷拔阶段和失效阶段。与沿 DD 和 TD 方向的隔膜相比，沿 MD 方向的隔膜具有较高的强度和较低的韧性。此外，从实验结果和有限元结果都观察到沿 DD 方向拉伸的隔膜产生网格旋转的现象。随着应变率的增大，弹性模量和屈服应力增大，而失效应变减小。在冷拔阶段，沿 MD 方向拉伸的隔膜表现出应变中性，而沿 DD 和 TD 方向表现出应变硬化。隔膜的应变率与幂指数、应变率强化系数之间的本构关系可表示为

$$\ln\left\{\frac{\varepsilon}{\sigma}-\frac{1}{E_0[1+\lambda_1(\ln\dot{\varepsilon}-\ln\dot{\varepsilon}_0)]}\right\}=\kappa\ln\varepsilon-\ln E_0-\ln[1+\lambda_1(\ln\dot{\varepsilon}-\ln\dot{\varepsilon}_0)]$$

通过实验结果得到，隔膜的应变率强化系数 $\lambda_1=\dfrac{\partial E(\dot{\varepsilon})}{E_0\partial\ln(\dot{\varepsilon})}$ 和 $\lambda_2=\dfrac{\partial\sigma_s(\dot{\varepsilon})}{\sigma_{s0}\partial\ln(\dot{\varepsilon})}$ 的最大误差小于 15%。Celgard 2325 和 Celgard H1612 隔膜沿 TD 方向的临界应力 $\sigma_{x,\mathrm{crit}}=\dfrac{-Ek\pi^2\left(\dfrac{t}{B}\right)^2}{12(1-\mu^2)}$ 分别为 $\sigma_{\mathrm{crit},2325}$=12.5 MPa、$\sigma_{\mathrm{crit},1612}$=13.1 MPa，与实验结果相比，误差率分别为 2.5%和 6.9%。以上研究为改进隔膜生产工艺、探索隔膜的力学性能、解决锂离子电池的安全问题提供了指导。

第5章　聚烯烃隔膜多巴胺改性的制备及性能研究

5.1　概　　述

锂离子电池主要由正极、负极、电解液和高分子隔膜组成。隔膜置于正极和负极之间，既可防止电池发生内部短路现象，又可为锂离子迁移提供良好的通道。在锂离子电池的结构中，隔膜是关键的内层组件之一。隔膜的性能决定了电池的界面结构、电池内阻等，直接影响电池的容量、循环及安全性能等特性。锂离子电池在充电过程中锂离子还原时形成的树枝状金属锂称为锂枝晶，当锂离子电池在外力作用下发生挤压甚至破坏时，锂枝晶可能会刺穿隔膜导致锂离子电池内部正极与负极直接接触，造成电池短路甚至燃烧爆炸。锂枝晶生长是影响锂离子电池安全性和稳定性的根本问题之一，因此选择力学强度高、离子电导率高的隔膜很重要。尽管聚烯烃多孔隔膜已被广泛应用于商业化锂离子电池中，但是隔膜稳定的电化学性能和较高的力学强度一直是非常重要的研究课题。

目前，由于传统的聚烯烃隔膜表面的疏水特性和较低的表面能，使得其与电解液之间的相容性较差，从而导致隔膜的电解液吸收率低、锂离子电导率差。为了解决聚烯烃隔膜亲水性差的问题，研究学者采用不同的方法（如等离子改性接枝、紫外线辐射、电子束辐射等）对隔膜进行改性，来提高隔膜的电化学性能和力学性能。但是这些改进方法需要昂贵的设备及复杂的程序。此外，前人采用的改性方法，如采用二氧化硅纳米颗粒、柠檬酸二氢钠和异丙醇溶液对隔膜进行改性等不仅降低了隔膜的力学强度，而且由于改性后隔膜内部孔径不均匀而导致锂离子电池出现安全问题。

基于自然界中的贻贝具有很强黏附力的事实，科学家发现在贻贝中含有大量的黏附蛋白，而黏附蛋白含有亲水性高和黏附力强的聚多巴胺（polydopamine，PDA）物质。因此，研究学者通过生物材料表面纳米改性方法，来提高不同材料的表面亲水性和力学强度。多巴胺在碱性缓冲溶液中容易在隔膜表面自聚合成粒径均匀、具有较大比表面积的聚多巴胺纳米颗粒，聚多巴胺涂层可以明显降低隔膜与电解液的接触角，实现电解液在隔膜表面的有效铺展，从而提高隔膜的亲液性能。此外，聚多巴胺溶液含有的苯环结构可以极大地提高隔膜的力学性能。聚多巴胺改性的方法与其他改性方法相比，具有操作简单、效率高、效果显著和不需要昂贵设备等优点。

通过聚多巴胺对锂离子电池聚烯烃隔膜进行表面纳米改性的研究较少。因此，本章的研究目的是采用浸泡法将聚多巴胺纳米颗粒均匀沉积在锂离子电池聚烯烃隔膜上，来提高隔膜的离子电导率以及增强隔膜与电解液之间的润湿效果，从而提高电池的电化学性能和力学性能。本章采用热重法、差示扫描量热法和热收缩率测试来表征改性隔膜的热稳定性和热收缩率。通过探索聚多巴胺对隔膜表面的自聚合作用机理，来研究聚多巴胺改性隔膜的亲液性能以及其与电解液之间的相容性。通过组装 CR2025 纽扣式半电池对聚多巴胺改性隔膜的电化学性能进行测试，采用电化学阻抗谱来测试隔膜的离子电导率及欧姆阻抗。对改性隔膜进行单轴力学拉伸实验，讨论各向异性效应和应变率效应对聚多巴胺改性隔膜力学性能的影响。

5.2　聚多巴胺改性隔膜的制备

隔膜作为锂离子电池的重要组成部分，为防止锂离子电池发生内部短路和促进锂离子迁移提供了安全裕量。为了研究聚多巴胺表面改性对锂离子电池隔膜的电化学和力学性能的影响，本章选取了两种典型的聚烯烃微孔隔膜：一种是孔隙率为 55%的微观单层 PP 隔膜；另一种是孔隙率为 39%的微观三层 PP/PE/PP 隔膜。为了得到孔隙率高、厚度和孔隙分布均匀的高取向多孔结构，两种隔膜都通过干法制备得到且厚度均为 25 μm。微观单层（PP）和微观三层（PP/PE/PP）隔膜的主要物理性能参数见表 5.1。隔膜作为一种功能材料，其制造工艺使其在 MD、DD 和 TD 方向存在明显的各向异性效应。

表 5.1　微观单层（PP）和微观三层（PP/PE/PP）隔膜的主要物理性能参数

隔膜	厚度/μm	透气率/s	孔隙率/%	孔径尺寸/μm	拉伸强度/MPa		穿刺载荷/N	热收缩率/%	
					TD	MD		TD	MD
微观单层（PP）	25	200	55	0.064	13.24	103.46	>3.283	0	<5
微观三层（PP/PE/PP）	25	620	39	0.028	14.71	166.71	>3.724	0	<5

聚多巴胺改性隔膜是将隔膜在室温下浸泡于多巴胺溶液（10 mmol/L）中 24 h 得到的。聚多巴胺改性隔膜的制备原理示意图如图 5.1 所示。首先，将三羟甲基氨基甲烷盐酸盐[tris（hydroxymethyl）aminomethane hydrochloride，Tris-HCl]（AR>99%）、盐酸和去离子水进行超声混合制备得到 pH=8.5 的 Tris 缓冲溶液。其次，将甲醇（AR=99.5%）和 Tris 缓冲溶液以体积比 1∶1 进行混合得到混合溶液。再次，将盐酸多巴胺粉末（AR=98%）溶于甲醇和 Tris 缓冲溶液组成的混合溶液中，制备得到多巴胺溶液。最后，将微观单层（PP）和微观三层（PP/PE/PP）隔膜浸泡在制备好的多巴胺溶液中，在室温条件下浸泡 24 h 取出，用去离子水清洗隔膜表面的残留多巴胺溶液，将清洗好的隔膜置于温度为 40 ℃的真空干燥箱中烘干 10 h。

实验过程中观察到多巴胺溶液在自聚合过程由无色透明变成黑色，其主要反应机理包括以下几步：

第一步，多巴胺溶液中的邻苯二酚在碱性 pH 环境下被诱导氧化（$2H^{+}+2e^{-}$）为多巴胺-苯醌。

第二步，多巴胺-苯醌发生亲核反应生成白色多巴胺色素，如图 5.1（c）所示，1 h 内多巴胺溶液为无色透明。

第三步，白色多巴胺色素发生氧化反应（$2H^{+}+2e^{-}$）生成粉红色多巴胺色素，如图 5.1（c）所示，6 h 后多巴胺溶液由无色变为粉红色。

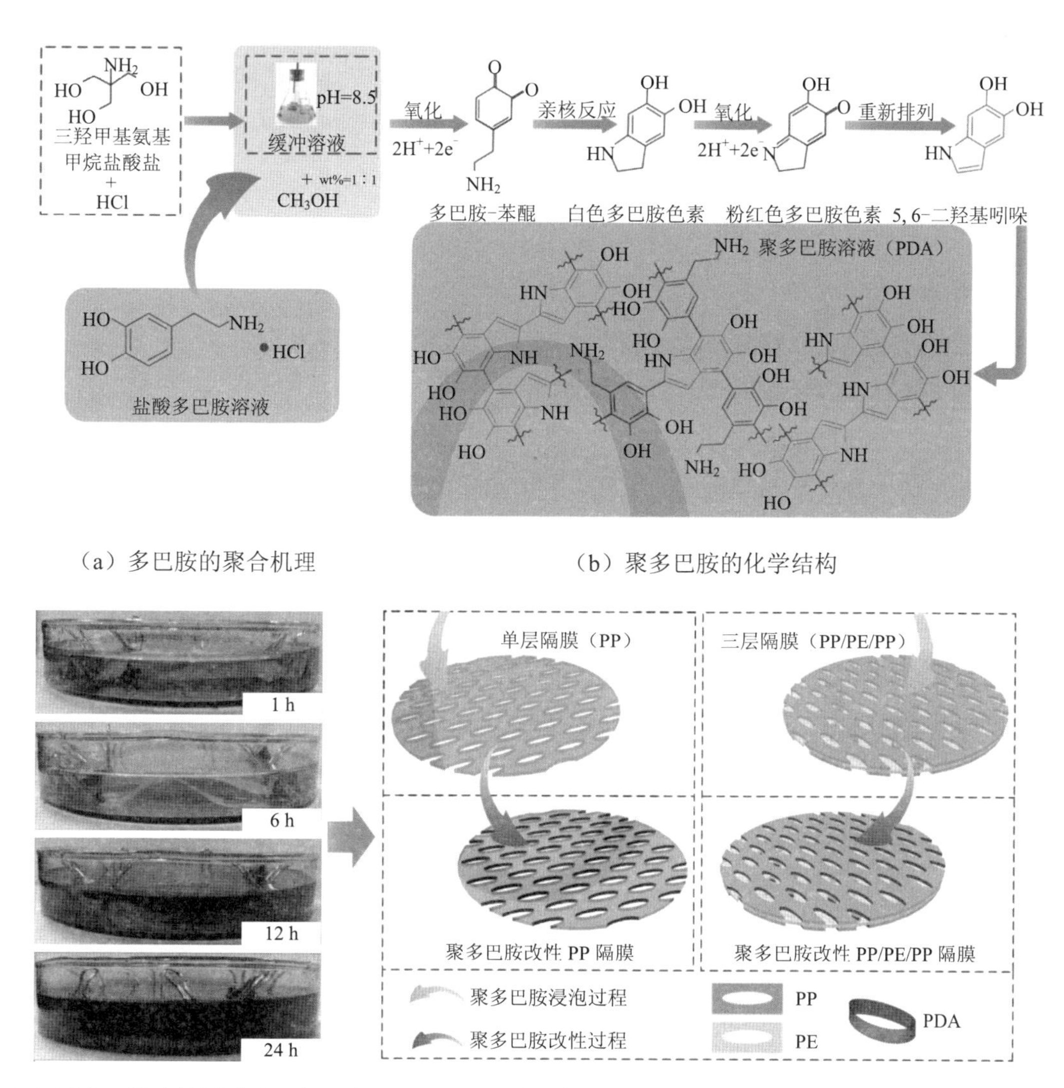

（a）多巴胺的聚合机理　（b）聚多巴胺的化学结构

（c）聚多巴胺改性隔膜以及多巴胺溶液随浸泡时间的变化　（d）通过浸泡法制备聚多巴胺改性隔膜的示意图

图 5.1　聚多巴胺改性隔膜的制备原理示意图（彩图见附录）

第四步，粉红色多巴胺色素进行重新排列生成 5, 6-二羟基吲哚（5, 6-dihydroxyindole，DHI）。

第五步，一系列多巴胺分子和 5, 6-二羟基吲哚分子通过非共价自组装和共价氧化聚合得到聚多巴胺溶液。而 5, 6-二羟基吲哚是黑色素的重要中间体，由于其对氧、过渡金属、PH 值较为敏感，因此 5, 6-二羟基吲哚接触微碱溶液会很快被氧化成类似黑色素的物质。多巴胺溶液在碱性溶液中会氧化聚合形成类黑色素聚多巴胺纳米粒子，其形成机制与天然黑色素十分相似，并具有相同的物理化学性质。如图 5.1（c）所示，12 h 后溶液由粉红色变为棕黑色，24 h 后变为黑色。此外，隔膜刚浸泡在改性溶液中呈现原始的白色，随着浸泡时间的延长，隔膜表面的颜色逐渐改性为深棕色，且颜色分布均匀。

5.3 表征方法和测试手段

5.3.1 材料表征

1. 微观形貌表征

采用 FE-SEM、FEI Verios G4 等超高分辨率场发射扫描电子显微镜，在 10 kV 和 2 kV 加速电压的真空环境中观察聚多巴胺改性隔膜的微观结构。

2. 热稳定性能表征

采用差示扫描量热仪（DSC，NETZSCH STA 449 F3 Jupiter）和热重分析仪（TG，NETZSCH STA 449 F3 Jupiter）对聚多巴胺改性隔膜的热稳定性能进行表征。在氩气氛围下，对质量约 1.5 mg 的隔膜以 10 ℃/min 的升温或降温速率进行扫描，扫描温度范围为 25～700 ℃。

3. 晶体结构表征

聚多巴胺改性隔膜的晶体结构是由 X 射线衍射仪（XRD，Shimadzu XRD-7000）来表征的。采用单色 3 kW Al-K_α以 6（°）/min 进行辐射扫描，扫描范围为 5°～

85°。

4. 元素组成表征

聚多巴胺改性隔膜的元素组成是由 X 射线光电子能谱（XPS, Kratos Axis Supra）来表征的，采用单色 150 W Al-K_α进行辐射扫描。

5. 吸液性表征

将聚多巴胺改性隔膜样品浸泡在常用的 $LiPF_6$ 电解液（Tech>97%）中，每隔 5 min 用镊子夹起隔膜，在空气中放置 30 s，然后用精密电子天平称该时间段的隔膜质量。通过测量浸泡前后隔膜的质量，根据以下方程来计算隔膜的吸液率α为

$$\alpha=\frac{W_{\mathrm{a}}-W_{\mathrm{b}}}{W_{\mathrm{b}}}\times 100\% \tag{5.1}$$

式中　α——隔膜的电解液率；

W_{b}——干燥样品的质量；

W_{a}——浸泡电解液后的质量。

5.3.2　电化学性能

在充满氩气的手套箱内通过组装 CR2025 纽扣式半电池对聚多巴胺改性隔膜的电化学性能进行测试。CR2025 纽扣式半电池中包括含有 $LiFePO_4$ 的正极材料、电解液浸泡过的聚多巴胺改性隔膜和锂片负极。实验中使用的电解液是将 1 mol/L 的 $LiPF_6$（Tech>97%）溶解于由碳酸亚乙酯（ethylene carbonate，EC）（分析纯=98%，密度为 1.322 g/cm^3）、碳酸二甲酯（dimethyl carbonate，DMC）（分析纯>98%，密度为 1.069 g/cm^3）和碳酸二乙酯（diethyl carbonate，DEC）（分析纯=99%，密度为 0.975 g/cm^3）组成的混合体积比为 1∶1∶1 的混合溶液中，因此，混合溶液的质量百分比为 w（EC∶DMC∶DEC）=39∶32∶29，混合溶液各组分质量占比如图 5.2（a）所示。

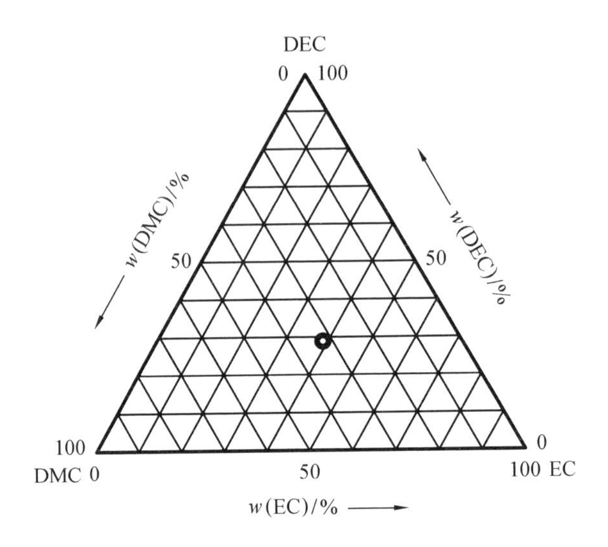

（a）EC、DMC 和 DEC 组成的混合溶液

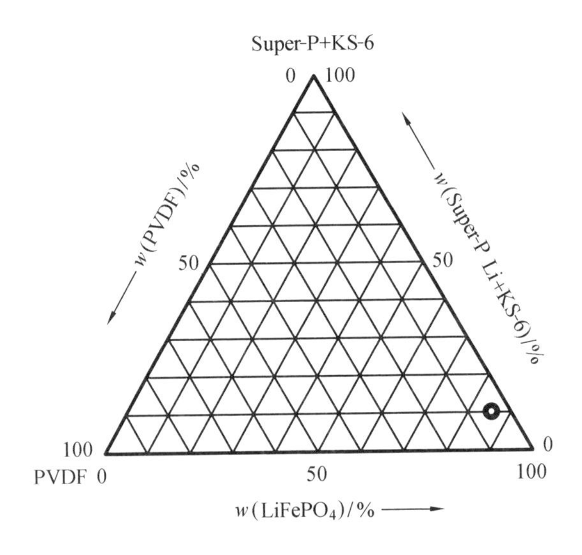

（b）$LiFePO_4$、导电剂（Super-P Li+KS-6）和黏结剂（PVDF）组成的正极材料

图 5.2　电解液和正极材料各组分质量占比图

将 85%的 $LiFePO_4$ 正极材料、10%的导电剂 Super-P Li 和 KS-6 与 5%的黏结剂聚偏二氟乙烯（poly vinylidene difluoride，PVDF）混合搅拌 24 h 后[图 5.2（b）]，形成均匀的正极浆液，用刮板刀在铝箔上刮涂均匀。然后将正极和铝箔在 100 ℃真空环境中干燥 12 h。采用电池测试设备和电化学工作站在室温下测试 CR2025 电池的充放电性能和离子电导率。在电压扫描速率为 1 mV/s 的条件下，电池的循环电压从 3.0 V 到 4.5 V。隔膜的离子电导率可通过测试电化学阻抗谱（EIS）得到。将隔膜在电解液中充分浸泡后，夹在两个不锈钢片（SS）构成的阻塞电极之间，其接触面积 S=3.14 cm^2，开路频率范围为 1 MHz～1 Hz。离子电导率 κ 可表示为

$$\kappa=\frac{t}{R_o S} \tag{5.2}$$

式中　t——隔膜的厚度；

R_o——欧姆阻抗；

S——隔膜和不锈钢电极之间的接触面积。

5.3.3　力学性能

为了保证试样几何形状的一致性，切割制备厚度为 0.5 mm 的聚甲基丙烯酸甲酯（polymethyl methacrylate，PMMA）模板。试样在透明的笛卡尔坐标纸上沿着模板的周长进行切割，以提高尺寸精度和切割质量。试样的长度和宽度分别为 80 mm 和 20 mm，测量标距为 35 mm，实验过程中至少重复测试 3 个相同的试样。根据 ASTM D638 聚合物材料拉伸试验标准，力学强度实验采用电子万能实验机（SANS CMT4104），含 500 N 载荷传感器，其最小精度为 0.005 N。为了防止试样滑动和撕裂，将试样的两端用橡胶垫黏接，然后夹持在实验机两端。在室温下进行 3 种拉伸应变率（0.002 s^{-1}、0.02 s^{-1} 和 0.2 s^{-1}）的单轴拉伸实验，应变率是应变随时间的变化率，表达式为

$$\dot{\varepsilon}=\frac{d\varepsilon}{dt}=\frac{v_0}{l_0} \tag{5.3}$$

式中　v_0——实验机的初始加载速度；

l_0——隔膜的初始标距长度。

5.4　聚多巴胺改性隔膜的性能

5.4.1　聚多巴胺改性机理和形貌分析

隔膜在多巴胺溶液中经过长时间的浸泡，颜色从白色变为深棕色，这主要是由于多巴胺在碱性 PH 环境下发生了自聚合反应。多巴胺自聚合机理：首先，多巴胺结构中的苯环上连着的—OH 基团被诱导氧化形成多巴胺-苯醌，然后发生亲核反应生成多巴胺色素中间产物，继而在碱性条件下重新排列生成 5, 6-二羟基吲哚[图 5.1（a）]。5, 6-二羟基吲哚一方面与—NH_2 进行迈克尔加成和席夫碱反应，或者通过分子间环化作用形成脱氢吲哚羧酸酯；另一方面通过物理自组装方式形成聚多巴胺。多巴胺溶液在自聚合反应过程中，消耗了大量的—NH_2，导致溶液中剩余的—NH_2 较少。然而在隔膜表面生成的聚多巴胺纳米粒子改性层具有丰富的邻苯二酚（含有苯环和—OH）和由儿茶酚氧化成的邻苯二醌（含有苯环、C═O 和—OH）基团，它们能够通过迈克尔加成和席夫碱反应与—NH_2 基团作用。因此，可以利用这个反应，最终在隔膜表面生成如—OH、—NH_2 的亲液基团和极性基团，这有利于降低隔膜表面自由能，提高隔膜内部与聚多巴胺粒子的界面化学结合，最终提高隔膜材料的宏观性能。

为了研究聚多巴胺纳米粒子改性对隔膜微观形貌的影响，作者采用超高分辨率场发射扫描电子显微镜（FE-SEM）分析了原始隔膜和聚多巴胺改性隔膜的表面和横截面微观结构（图 5.3）。从微观角度看，由于晶格取向引起大分子链和链段重排，隔膜具有明显的各向异性效应[图 5.3（a）、（d）]。经聚多巴胺改性后，隔膜的表面沉积了大量均匀的聚多巴胺纳米粒子，颗粒直径为 100～500 nm[图 5.3（b）、（e）]。这些细小的纳米粒子可以提高隔膜的比表面积，因此有利于提高隔膜对电解液的吸收性能。从隔膜的微观表面形态来看，改性隔膜的晶片和纤维都增大增粗，这对提高隔膜的力学性能至关重要。

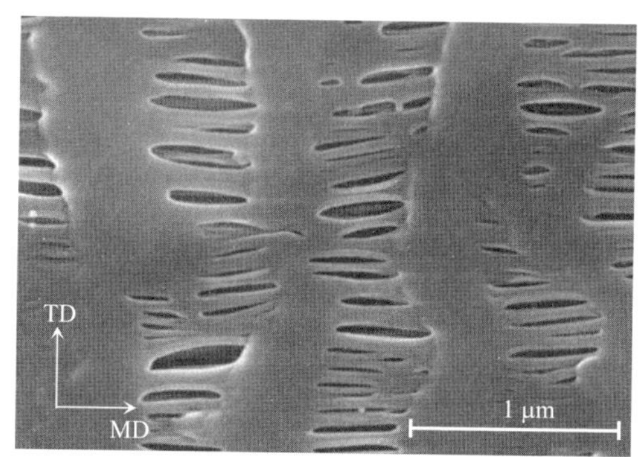

（a）原始 PP 隔膜表面

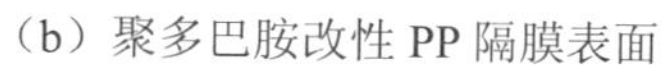

（b）聚多巴胺改性 PP 隔膜表面

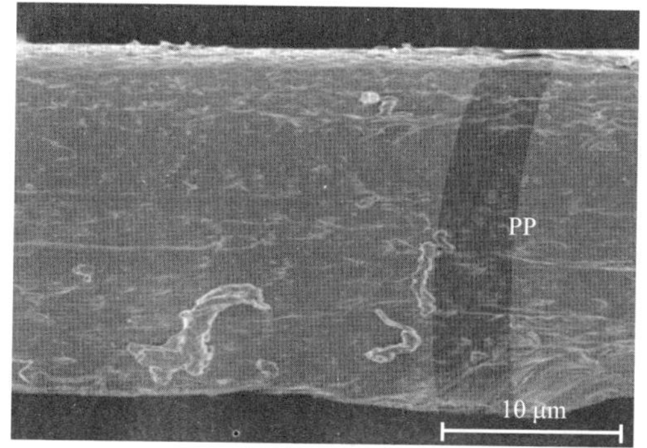

（c）原始 PP 隔膜横截面

（d）原始 PP/PE/PP 隔膜表面

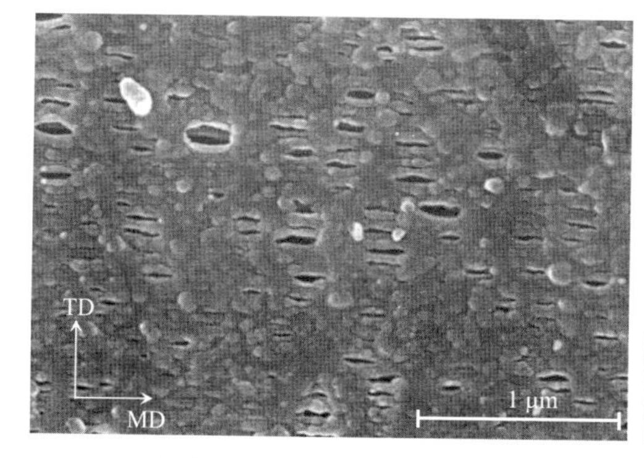

（e）聚多巴胺改性 PP/PE/PP 隔膜表面

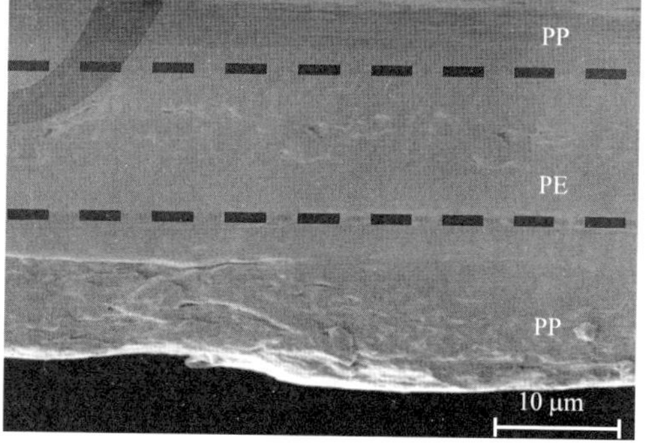

（f）原始 PP/PE/PP 隔膜横截面

图 5.3　原始隔膜和聚多巴胺改性隔膜的表面、横截面的 FE-SEM 图

隔膜经过多巴胺表面改性后，颜色由白色变成深棕色，为了确定聚多巴胺改性隔膜的元素成分和原子结合状态，实验使用 X 射线光电子能谱（XPS）分析（图 5.4）。由 XPS 谱图可以看出原始 PP 和 PP/PE/PP 隔膜表面只有 C1s 峰，键能区域为 250～300 eV，而聚多巴胺改性 PP 和 PP/PE/PP 隔膜表面出现了 N1s 和 O1s 峰。因此，聚多巴胺改性粒子中含有 N 和 O 元素。在 390～401 eV 的键能区域，存在—NH_2 基团的特征峰，这表明含有—NH_2 基团的物质已经沉积到隔膜的表面，并且经过去离子水反复清洗以及真空干燥箱中烘干并没有剥离隔膜表面，这证明沉积物质牢固地改性在隔膜的表面。

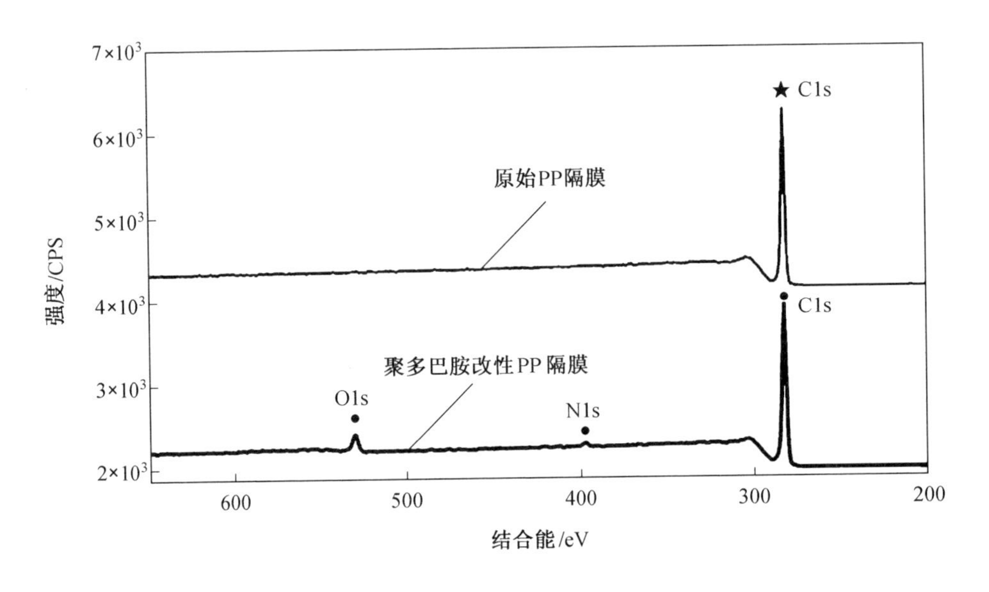

（a）原始 PP 隔膜和聚多巴胺改性 PP 隔膜

图 5.4　原始隔膜和聚多巴胺改性隔膜的 XPS 谱图（包含 C1s、O1s 和 N1s）

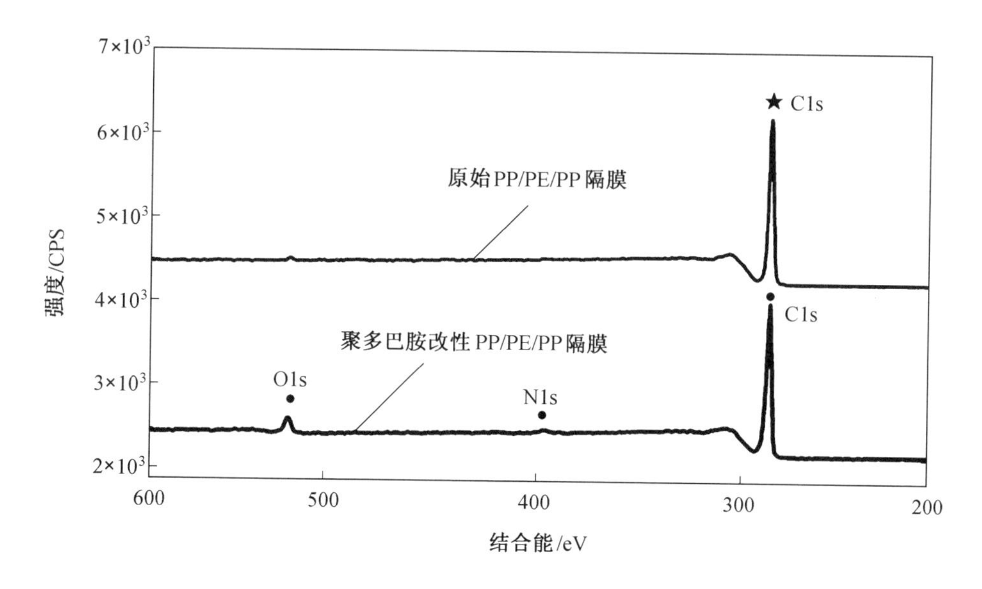

（b）原始 PP/PE/PP 隔膜和聚多巴胺改性 PP/PE/PP 隔膜

续图 5.4

5.4.2　聚多巴胺改性隔膜的热稳定性和晶体特性

本章使用差示扫描量热法（DSC）和热重法（TG）测定了原始隔膜和聚多巴胺改性隔膜的热稳定性[图 5.5（a）、图 5.5（b）]。原始 PP 隔膜、聚多巴胺改性 PP 隔膜、原始 PP/PE/PP 隔膜和聚多巴胺改性 PP/PE/PP 隔膜分别在温度为 418.5 ℃、426.7 ℃、421.2 ℃和 430.6 ℃下开始分解，且残余质量分数分别为 1.16%、10.80%、2.28%和 3.58%。该实验结果表明，使用聚多巴胺改性方法可以提高隔膜的热稳定性。隔膜的收缩率是指电池在发生热失控前关闭隔膜微孔的能力，这在锂离子电池的应用中起着重要的作用。当收缩温度接近熔融温度 T_m 时，微孔层变为无孔绝缘层。发生该情况有两个作用：

（1）阻止电池的正负电极材料直接接触。

（2）降低隔膜与电解液之间的电导率和电化学活性。

通过采用聚多巴胺改性方法，对于 PP 隔膜来说，其熔融温度 T_m 从 167.1 ℃增加到 169.0 ℃；对于 PP/PE/PP 隔膜来说，其 PE 层的熔融温度 T_m 从 136.9 ℃增加到 140.6 ℃，其 PP 层的熔融温度 T_m 从 160.4 ℃增加到 165.2 ℃。从 TG 曲线看出，隔膜在 400～500 ℃开始分解；从对应的 DSC 曲线看出，此时伴随发生放热反应，包括凝固反应、氧化反应和交联反应。隔膜的结晶度通过 X 射线衍射仪（XRD）进行表征[图 5.5（c）、图 5.5（d）]。

PP 隔膜为单斜晶系，属于 $P2_1/c$(No. 14)空间群，PP-(110)、PP-(040)、PP-(130)、PP-(111)、PP-(041)和 PP-(060)的衍射峰分别位于 14.1°、17.0°、18.6°、21.2°、22.0° 和 25.6° 处[图 5.5（c）]。PP/PE/PP 隔膜为 PP 和 PE 的聚合，由于 PE 隔膜为斜方晶系，属于 P_{nam}(No. 62)空间群，所以 PP-(131)+PE-(110)和 PP-(111)+PE-(200)的衍射峰重叠于 21.6° 和 24.0° 处[图 5.5（d）]。由于聚多巴胺纳米粒子涂层的尺寸效应和表面效应，其改性隔膜的衍射峰和发射峰的峰形比原始隔膜的增宽。这说明聚多巴胺改性粒子可以降低隔膜的结晶度，增加无定形晶体的比例，意味着隔膜可以吸收更多的电解液，从而有利于提高隔膜的离子电导率。PP 隔膜和 PP/PE/PP 隔膜的晶格面的衍射分布示意图如图 5.5（e）所示。作为最稳定的晶体形式，PP 晶体表现出一种独特的层状分支结构，其中晶片（母晶体）和纤维（子晶体）的晶格面分布不同。此外，通过聚多巴胺表面改性后，隔膜的衍射强度增加。这意味着聚多巴胺改性隔膜的结晶度要小于原始隔膜的结晶度[图 5.5（c）、图 5.5（d）]，因此隔膜对电解液的有效吸收是实现高 Li^+电导率和低欧姆阻抗目标的关键。

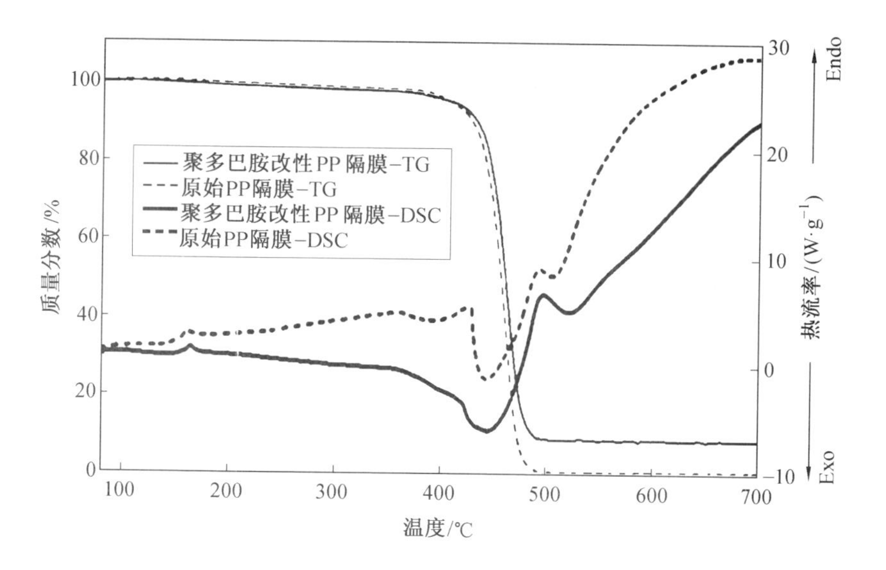

（a）原始 PP 隔膜和聚多巴胺改性 PP 隔膜的 TG 和 DSC 曲线

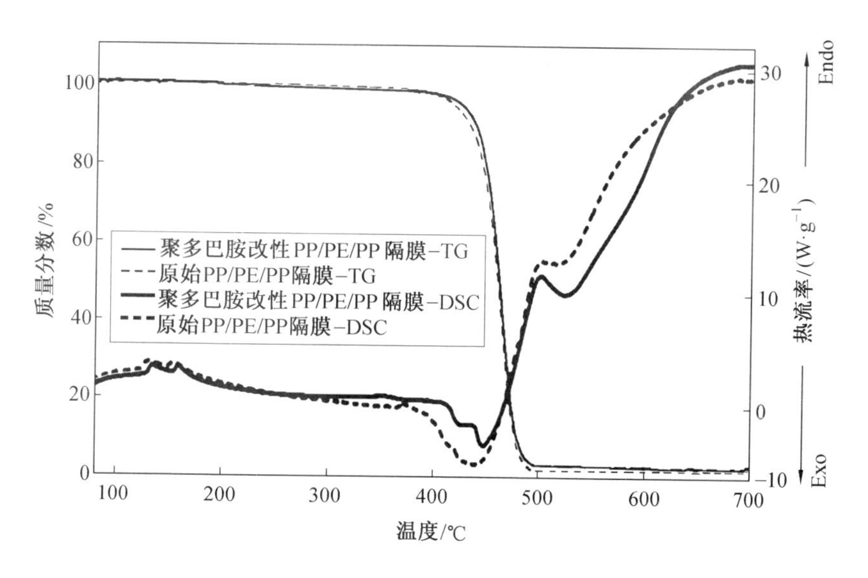

（b）原始 PP/PE/PP 隔膜和聚多巴胺改性 PP/PE/PP 隔膜的 TG 和 DSC 曲线

图 5.5　原始隔膜和聚多巴胺改性隔膜的热稳定性和晶体特性

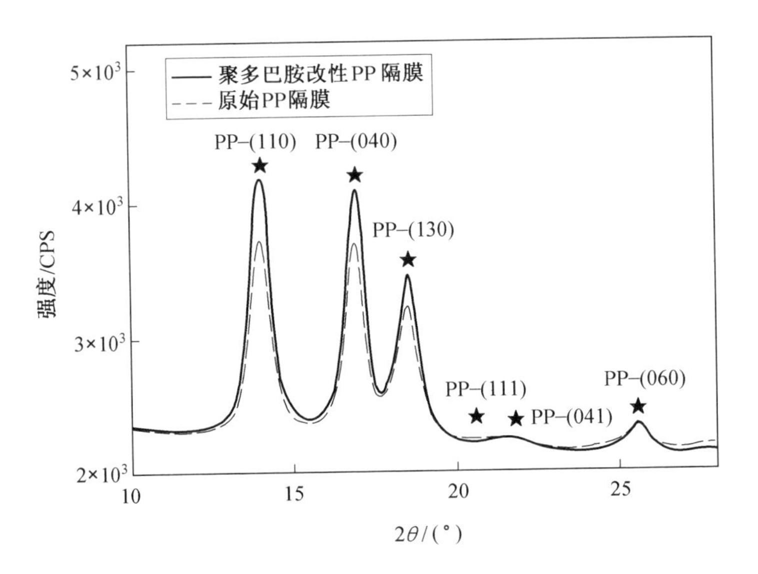

（c）原始 PP 隔膜和聚多巴胺改性 PP 隔膜的 XRD 谱图

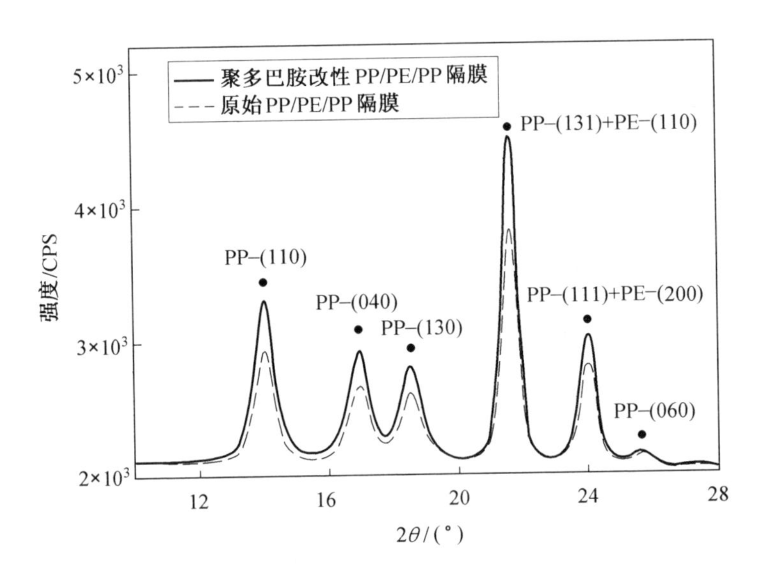

（d）原始 PP/PE/PP 隔膜和聚多巴胺改性 PP/PE/PP 隔膜的 XRD 谱图

续图 5.5

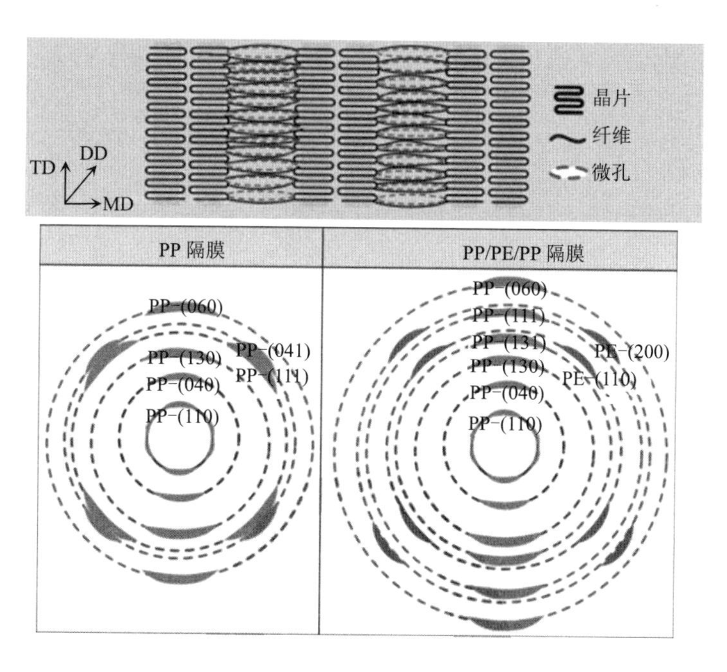

（e）PP 隔膜和 PP/PE/PP 隔膜的晶格面的衍射分布示意图

续图 5.5

隔膜的长期稳定性应通过其在高温下保持一段时间后的尺寸收缩情况来表征。本章研究了原始隔膜和聚多巴胺改性隔膜的热收缩率随温度的变化（图 5.6）。选取电池在装配和使用过程中常用的两个温度 90 ℃、165 ℃作为研究温度。经过 90 ℃处理后，4 种隔膜的热收缩率并没有改变太多。聚多巴胺改性隔膜的热收缩率（改性 PP 隔膜：≈4.5%；改性 PP/PE/PP 隔膜：≈2.5%）略小于原始隔膜（原始 PP 隔膜：≈5.0%；原始 PP/PE/PP 隔膜：≈4.5%）。而经过 165 ℃处理后，聚多巴胺改性隔膜的热收缩率（改性 PP 隔膜：≈10%；改性 PP/PE/PP 隔膜：≈7.5%）明显小于原始隔膜（原始 PP 隔膜：≈45%；原始 PP/PE/PP 隔膜：≈30%）。该实验结果表明，聚多巴胺改性方法可以降低隔膜的热收缩率。

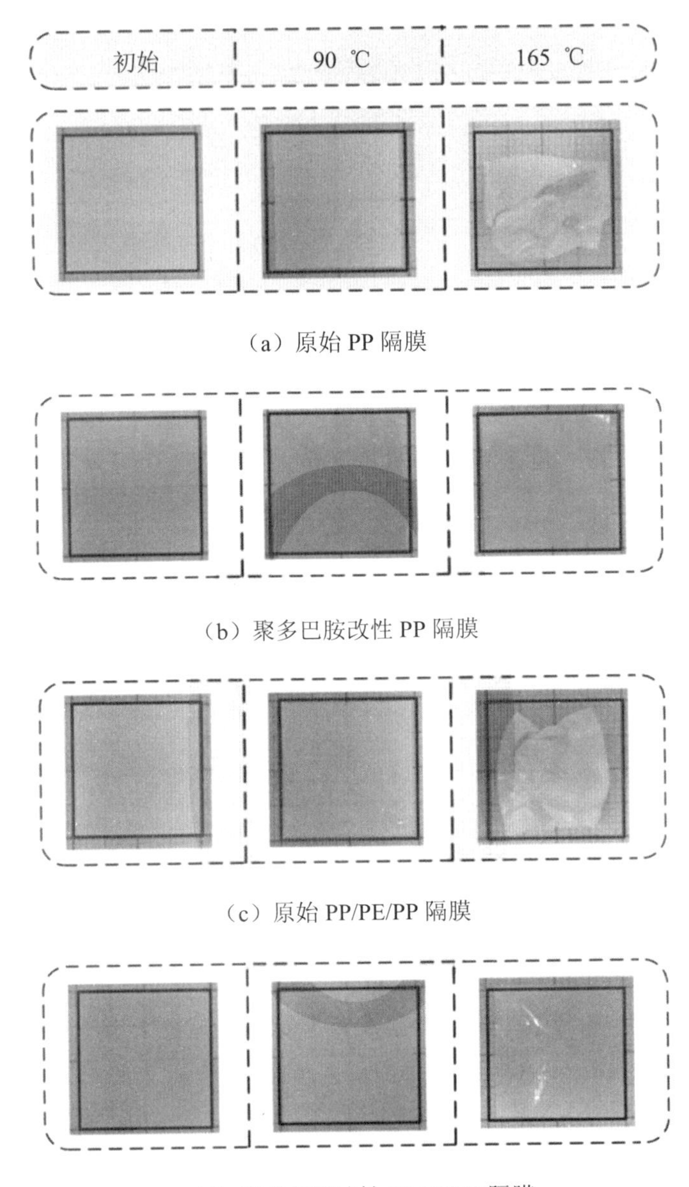

（a）原始 PP 隔膜

（b）聚多巴胺改性 PP 隔膜

（c）原始 PP/PE/PP 隔膜

（d）聚多巴胺改性 PP/PE/PP 隔膜

图 5.6　隔膜的热收缩率随温度的变化情况

5.4.3　聚多巴胺改性隔膜的吸液性能

将初始质量为 W_b=5 mg 的原始隔膜和聚多巴胺改性隔膜在 $LiPF_6$ 电解液中浸泡 60 min，测定不同时间段的隔膜质量[图 5.7（a）、图 5.7（b）]。隔膜的吸液率α可通过方程（5.1）计算得到。由于电解液对聚多巴胺的亲和力和毛细效应，通过聚多巴胺改性后的隔膜的吸液率（改性 PP 隔膜：α_{max} = 170%；改性 PP/PE/PP 隔膜：α_{max} = 184%）远远高于原始隔膜（原始 PP 隔膜：α_{max} = 135%；原始 PP/PE/PP 隔膜：α_{max} = 145%）。染色电解液在隔膜表面接触随时间的变化情况如图 5.7（c）所示。由于聚多巴胺改性隔膜具有良好的亲液表面且与电解液具有很好的相容性，所以改性隔膜提高了对电解液的吸收能力。静置 60 min 后，改性隔膜产生了 21° 的接触角，这远远低于原始隔膜 78° 的接触角。实验结果表明，聚多巴胺改性纳米粒子涂层可以明显提高隔膜表面的亲液性能。60 min 后擦去染色电解液，电解液与原始隔膜和聚多巴胺改性隔膜的接触面积分别为 9.07 mm^2、26.41 mm^2。此外，聚多巴胺改性隔膜表面黏附了较多的残留电解液。

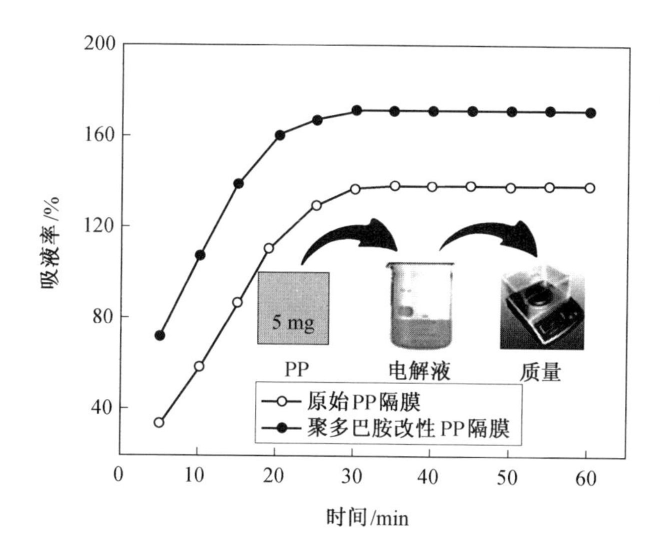

（a）原始 PP 隔膜和聚多巴胺改性 PP 隔膜

图 5.7　隔膜的吸液性能和电解液在隔膜表面接触随时间的变化情况

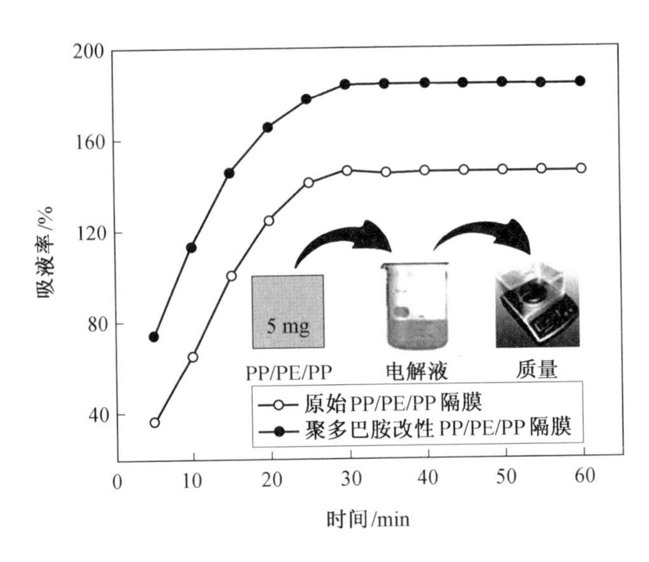

（b）原始 PP/PE/PP 隔膜和聚多巴胺改性 PP/PE/PP 隔膜

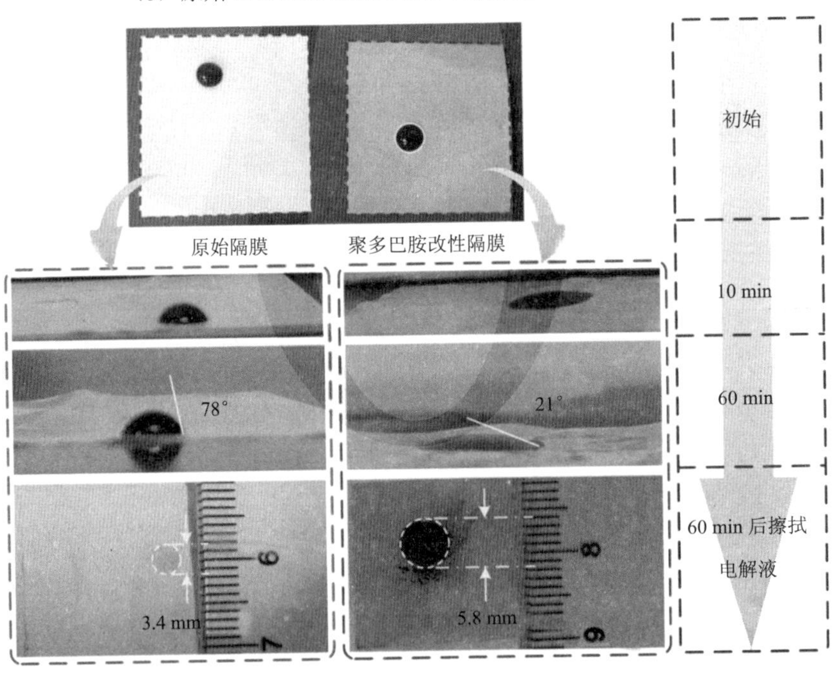

（c）改性隔膜和原始隔膜分别产生了 21° 和 78° 的接触角，接触面积分别为 26.41 mm^2 和 9.07 mm^2

（彩图见附录）

续图 5.7

5.4.4　聚多巴胺改性隔膜的电化学性能

本章通过组装 CR2025 纽扣式半电池（$LiFePO_4$/原始隔膜或改性隔膜/Li 片）来研究聚多巴胺改性隔膜对组装电池电化学性能的影响。原始隔膜和聚多巴胺改性隔膜在不同倍率下（0.1～5.0 ℃）的电池放电容量如图 5.8（a）和图 5.8（d）所示。对于 PP 隔膜，在 0.1 ℃的放电倍率下，原始隔膜的放电容量 127.3 mAh/g 和聚多巴胺改性隔膜的放电容量 132.1 mAh/g 几乎相同，但随着放电倍率的增加（0.2～5.0 ℃），聚多巴胺改性隔膜的放电容量（124.6 mAh/g、119.8 mAh/g、112.5 mAh/g、109.0 mAh/g、105.8 mAh/g 和 101.8 mAh/g）大于原始隔膜的放电容量（116.6 mAh/g、107.5 mAh/g、93.5 mAh/g、79.5 mAh/g、61.9 mAh/g 和 35.4 mAh/g），如图 5.8（a）所示。对于 PP/PE/PP 隔膜，随着放电倍率的增加（0.2～5.0 ℃），聚多巴胺改性隔膜的放电容量（141.9 mAh/g、132.8 mAh/g、125.8 mAh/g、120.4 mAh/g、115.8 mAh/g、110.5 mAh/g 和 106.1 mAh/g）大于原始隔膜的放电容量（138.7 mAh/g、126.7 mAh/g、112.6 mAh/g、101.3 mAh/g、85.9 mAh/g、70.2 mAh/g 和 55.2 mAh/g），如图 5.8（d）所示。原始隔膜和聚多巴胺改性隔膜的充放电测试曲线如图 5.8（b）、图 5.8（c）、图 5.8（e）和图 5.8（f）所示。测试结果表明，在不同充放电倍率下，聚多巴胺改性隔膜具有很好的电压平台和充放电容量。聚多巴胺改性隔膜具有优异的电化学性能主要是因为其对电解液的吸收性能和离子电导率的提高。本章通过测试由隔膜、电解液和两个不锈钢片（SS）构成的三元体系的电化学阻抗谱，来进一步分析聚多巴胺改性隔膜内部的电阻情况，继而探讨聚多巴胺改性隔膜提高电池充放电容量的原因。原始隔膜和聚多巴胺改性隔膜的电化学阻抗谱图（Nyquist 曲线）如图 5.8（g）～（i）所示。在实轴上高频区的截距所表示的电阻是电池内部的欧姆阻抗（R_o，ohmic resistance），主要由隔膜的离子电导率及其厚度所决定，聚多巴胺改性隔膜的电化学阻抗谱与原始隔膜相比，在高频处具有较小的半圆直径，如图 5.8（g）和图 5.8（h）所示。其中聚多巴胺改性隔膜的欧姆阻抗（PP：3.844 Ω；PP/PE/PP：0.296 Ω）小于原始隔膜的欧姆阻抗（PP：5.876 Ω；PP/PE/PP：1.825 Ω），如图 5.8（i）所示。结果表明，电极/聚多巴胺改性隔膜具有较低的 Li^+迁移电阻和较高的电化学反应动力学。在中、低频区均近似为直线，这与电极和电解液之间的 Li^+扩散电阻有关。离子电导率可根据方程（5.2）得到，聚多巴胺改性 PP 隔膜的离子电导率可以达到 κ=0.21 ms/cm，这是原始 PP 隔膜（κ=0.14 ms/cm）的 1.5 倍；聚多巴胺改性 PP/PE/PP 隔膜的离子电导率（κ=2.69 ms/cm）是原始 PP/PE/PP 隔膜（κ=0.44 ms/cm）的 6.1 倍。由于聚多巴胺亲水基团改善了隔膜表面，因此提高了其对电解液的吸收能力和锂离子通量，继而提高了隔膜的离子电导率，降低了欧姆阻抗。

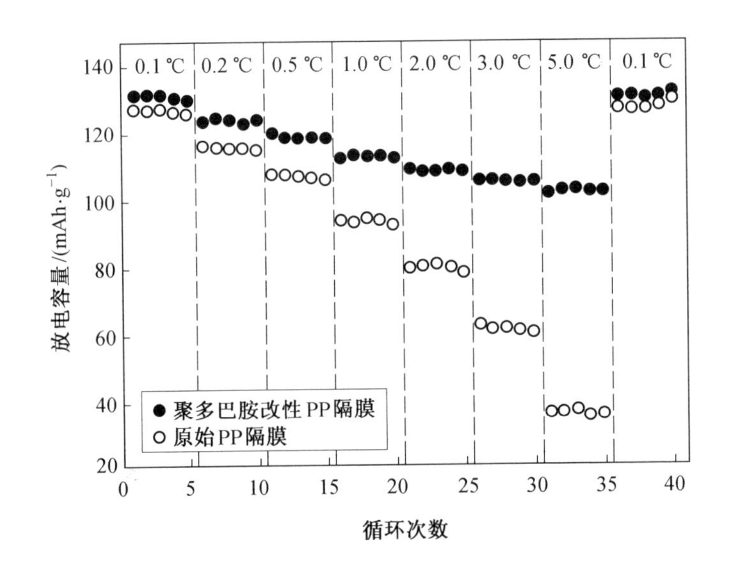

（a）原始 PP 隔膜和聚多巴胺改性 PP 隔膜在不同倍率下（0.1～5.0 ℃）的电池放电容量①

图 5.8　分别组装有原始隔膜和聚多巴胺改性隔膜的纽扣式半电池的电化学性能

图注：虚线为充电曲线，实线为放电曲线。

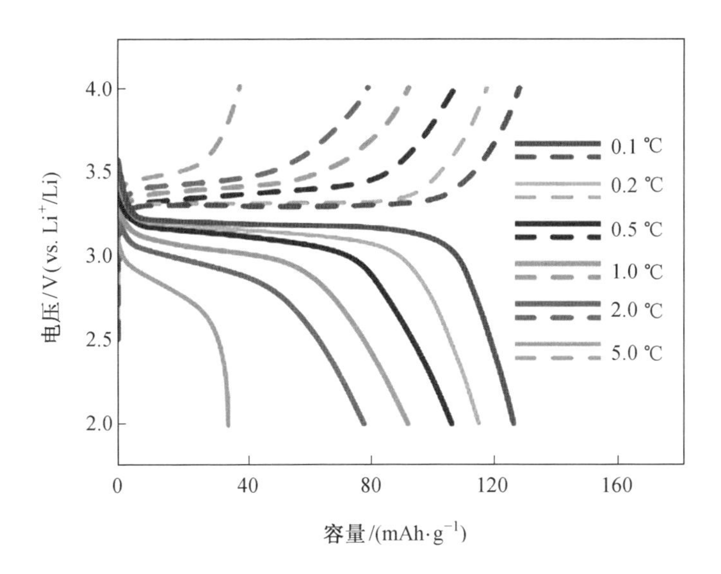

（b）原始 PP 隔膜和原始 PP/PE/PP 隔膜在 0.1～5.0 ℃放电倍率下的恒电流充放电曲线②

（彩图见附录）

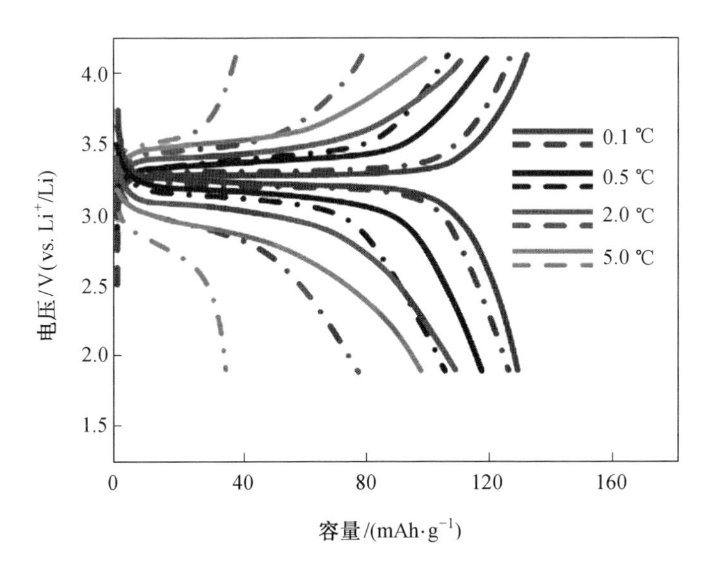

（c）原始隔膜和聚多巴胺改性隔膜在不同倍率下（0.1 ℃、0.5 ℃、2.0 ℃和 5.0 ℃）的恒电流充放电曲线①（彩图见附录）

续图 5.8

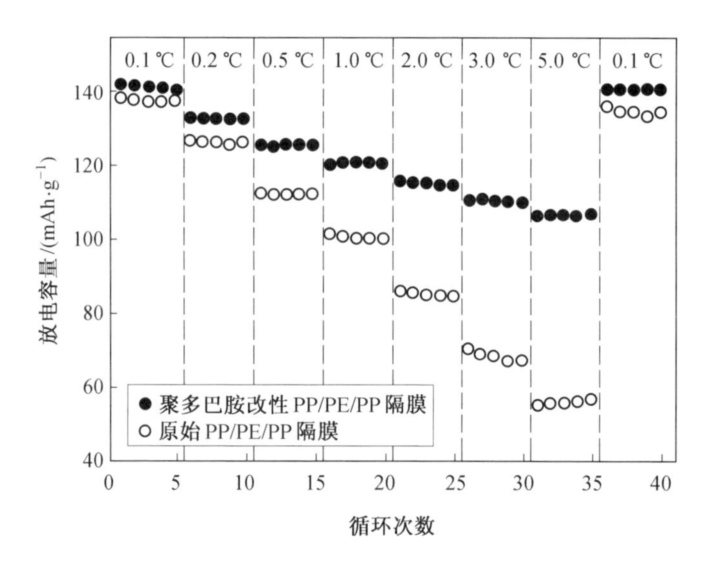

（d）原始 PP/PE/PP 隔膜和聚多巴胺改性 PP/PE/PP 隔膜在不同倍率下（0.1 ～5.0 ℃）的电池放电容量②

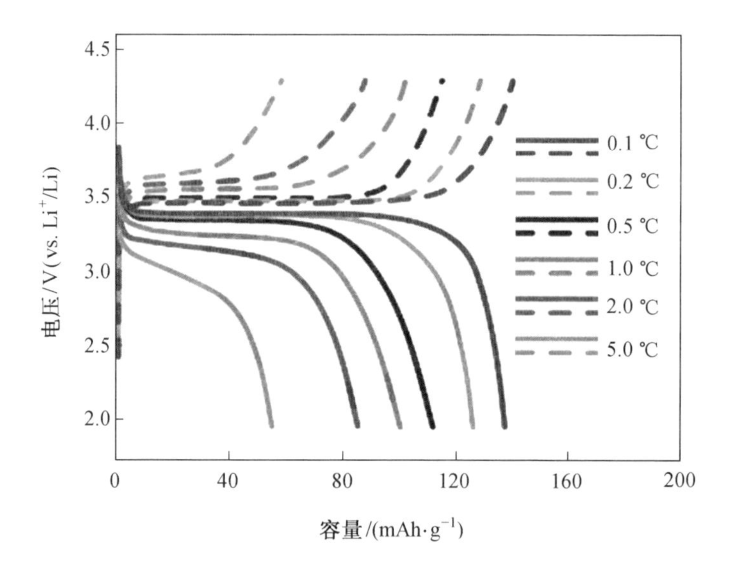

（e）原始 PP 隔膜和原始 PP/PE/PP 隔膜在 0.1～5.0 ℃放电倍率下的恒电流充放电曲线②

（彩图见附录）

续图 5.8

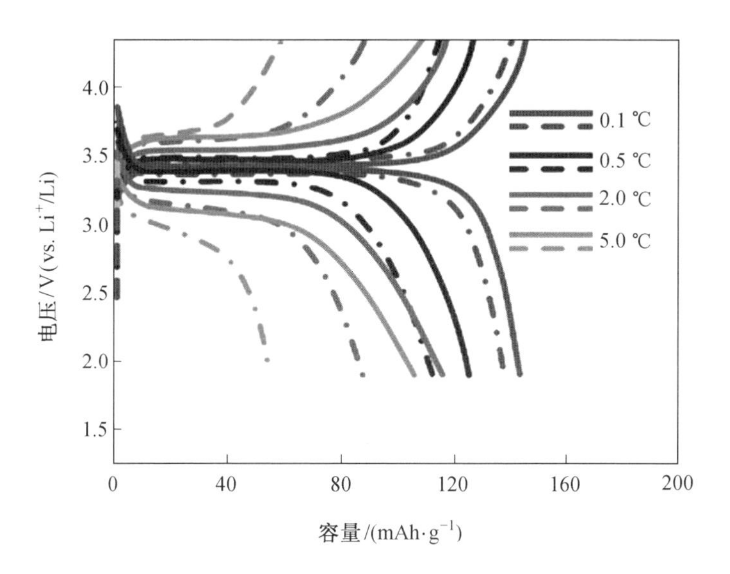

（f）原始隔膜和聚多巴胺改性隔膜在不同倍率下（0.1 ℃、0.5 ℃、2.0 ℃和 5.0 ℃）的恒电流充放电曲线②（彩图见附录）

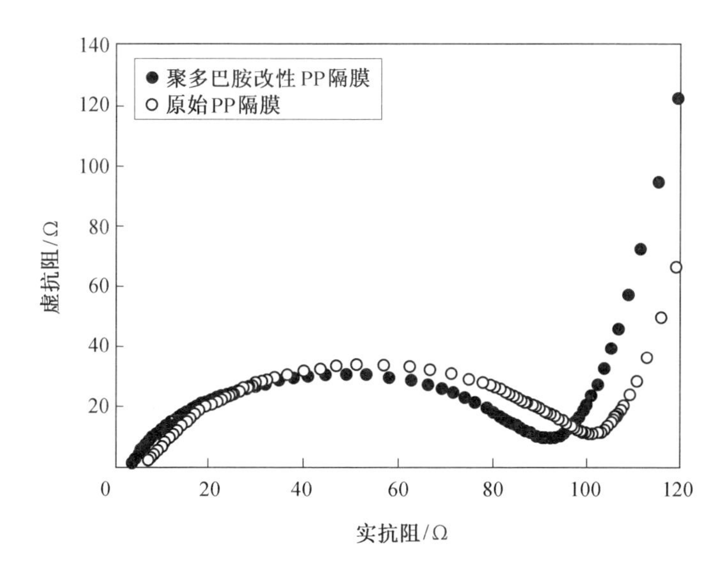

（g）原始 PP 隔膜和聚多巴胺改性 PP 隔膜的电化学阻抗谱图①

续图 5.8

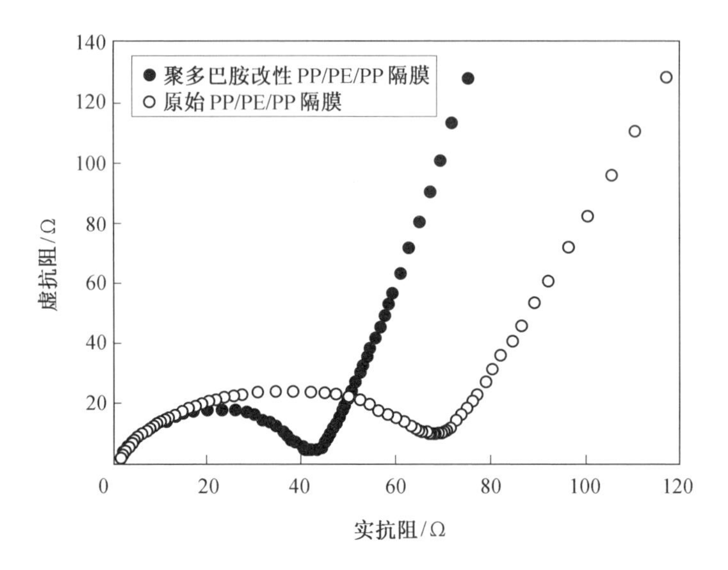

（h）原始PP/PE/PP隔膜和聚多巴胺改性PP/PE/PP隔膜的电化学阻抗谱图②

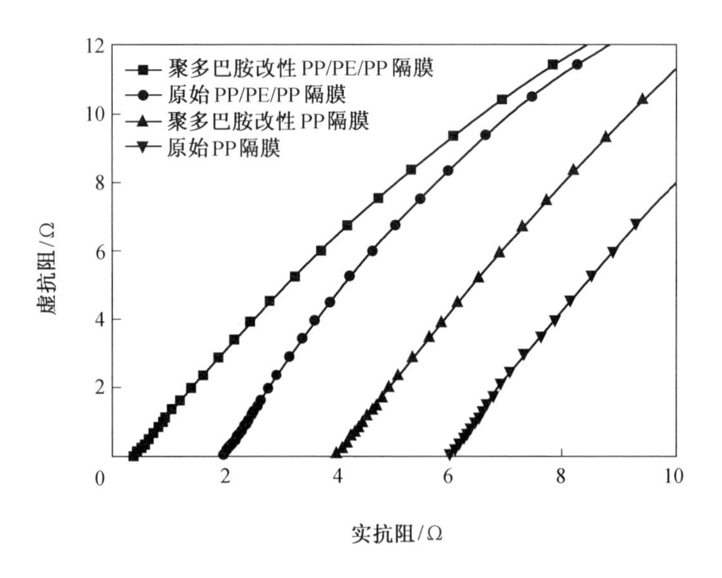

（i）原始隔膜和聚多巴胺改性隔膜的电化学阻抗谱图③

续图5.8

5.4.5　聚多巴胺改性隔膜的力学性能

由于隔膜具有明显的各向异性效应，因此本书研究了原始隔膜和聚多巴胺改性隔膜沿 TD、MD 和 DD 方向的单轴拉伸力学性能[图 5.9（a)、(b）]。原始隔膜和聚多巴胺改性隔膜沿 TD、MD 和 DD 方向在 $\dot{\varepsilon}=0.002\ \mathrm{s}^{-1}$ 、$\dot{\varepsilon}=0.02\ \mathrm{s}^{-1}$ 和 $\dot{\varepsilon}=0.2\ \mathrm{s}^{-1}$ 3 种应变率下的屈服应力、失效应力和失效应变见表 5.2～5.4。通过聚多巴胺纳米粒子改性，隔膜的屈服应力、失效应力和失效应变都有了很大的提高。PP 隔膜沿 TD、MD 和 DD 方向在不同应变率下的屈服应力、失效应力、失效应变分别增加了 17.48%～100.11%、13.45%～82.71%、4.08%～303.13%；而 PP/PE/PP 隔膜沿 TD、MD 和 DD 方向在不同应变率下的屈服应力、失效应力、失效应变分别增加了 11.77%～296.00%、12.50%～248.30%、16.53%～32.56%。产生这种现象的主要原因是，聚多巴胺改性方法增加了晶片和纤维强度，且该改性方法并没有堵塞毛孔[图 5.3（b)、(e）]。此外，由于隔膜非常薄，这种改进方法并不影响电池的电化学性能。原始隔膜和聚多巴胺改性隔膜具有明显的应变率效应，屈服应力、失效应力和失效应变均随应变率的增大而增大[图 5.9（c）～（h）]。与沿 DD 和 TD 方向相比，沿 MD 方向的聚多巴胺改性隔膜具有更高强度和更低韧性的特点[图 5.9(i)～(k)]。

表 5.2　原始隔膜和聚多巴胺改性隔膜沿 TD、MD 和 DD 方向在应变率 $\dot{\varepsilon}=0.002\ \mathrm{s}^{-1}$ 下的屈服应力、失效应力和失效应变

材料参数	屈服应力/MPa			失效应力/MPa			失效应变		
拉伸方向	MD	TD	DD	MD	TD	DD	MD	TD	DD
原始 PP 隔膜	95.92	9.55	12.42	102.21	11.08	15.42	0.98	7.24	4.78
聚多巴胺改性 PP 隔膜	114.40	11.69	17.97	118.33	12.57	19.54	1.02	7.72	5.41
原始 PP/PE/PP 隔膜	147.69	11.22	15.17	156.38	11.22	17.52	1.40	11.47	8.24
聚多巴胺改性 PP/PE/PP 隔膜	165.07	37.91	24.41	175.93	38.67	25.63	1.67	14.87	9.86

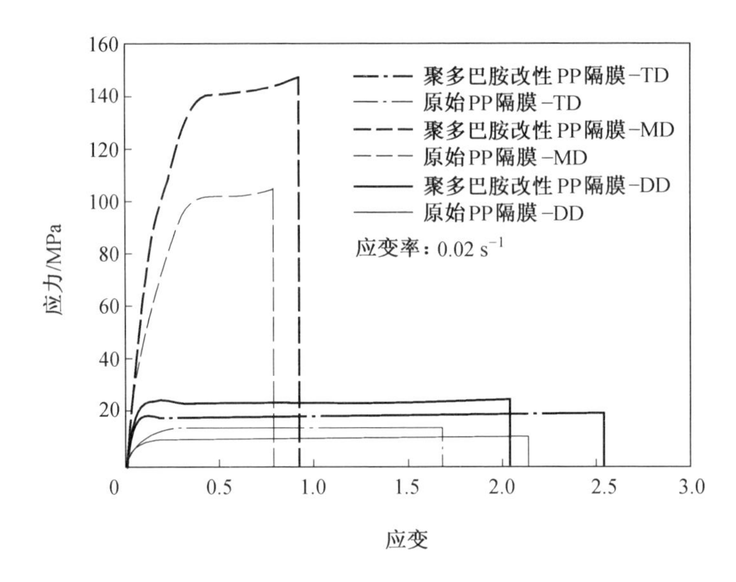

（a）原始隔膜和聚多巴胺改性隔膜沿 TD、MD 和 DD 方向的应力-应变曲线①

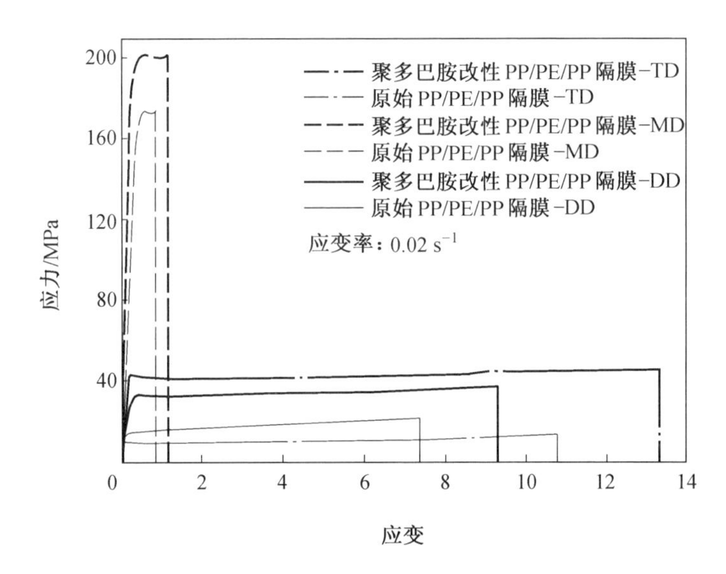

（b）原始隔膜和聚多巴胺改性隔膜沿 TD、MD 和 DD 方向的应力-应变曲线②

图 5.9　原始隔膜和聚多巴胺改性隔膜的力学性能

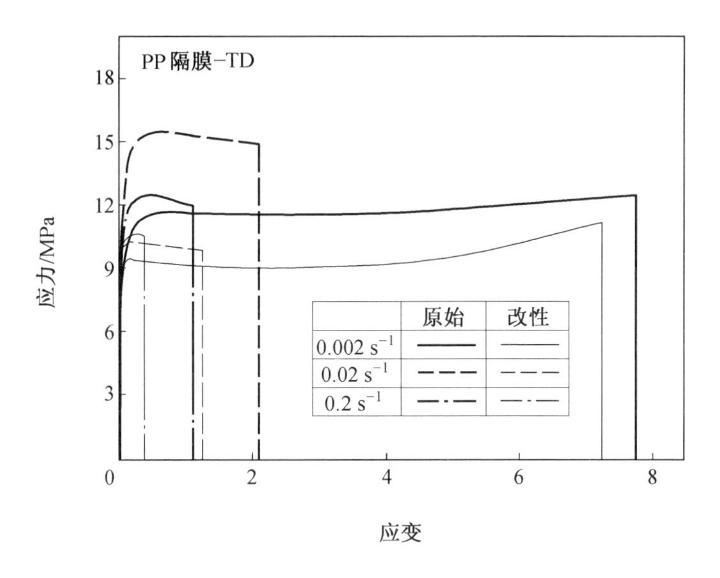

（c）原始隔膜和聚多巴胺改性隔膜在 0.002 s^{-1}、0.02 s^{-1} 和 0.2 s^{-1} 3 种应变率下的应力-应变曲线①

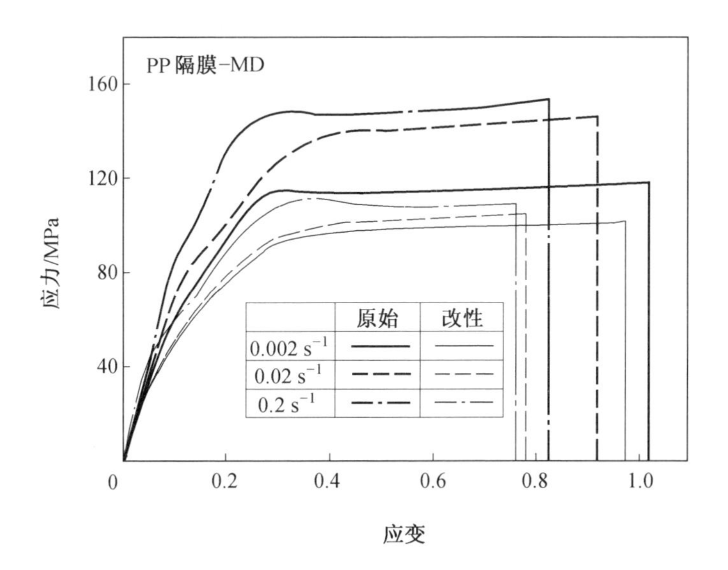

（d）原始隔膜和聚多巴胺改性隔膜在 0.002 s^{-1}、0.02 s^{-1} 和 0.2 s^{-1} 3 种应变率下的应力-应变曲线②

续图 5.9

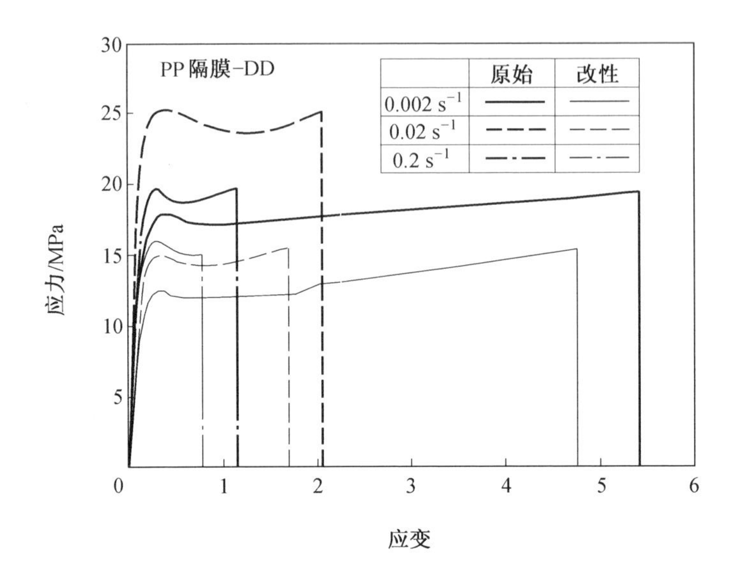

（e）原始隔膜和聚多巴胺改性隔膜在 0.002 s^{-1}、0.02 s^{-1} 和 0.2 s^{-1} 3 种应变率下的应力-应变曲线③

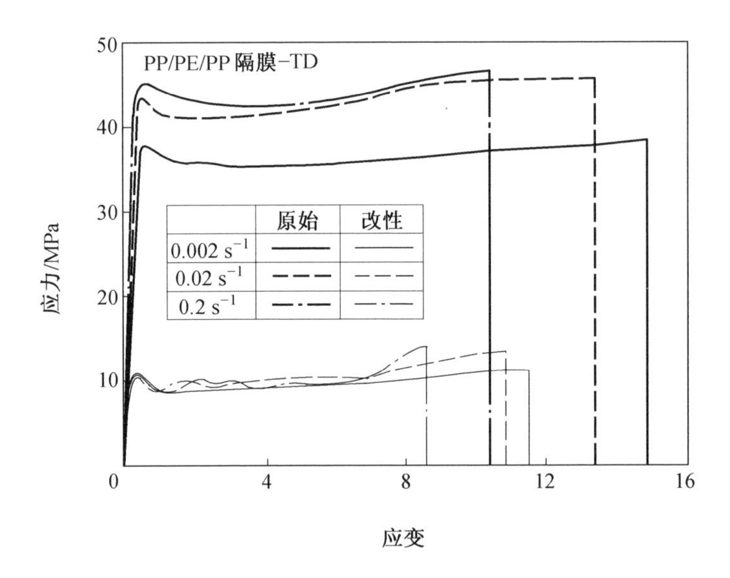

（f）原始隔膜和聚多巴胺改性隔膜在 0.002 s^{-1}、0.02 s^{-1} 和 0.2 s^{-1} 3 种应变率下的应力-应变曲线④

续图 5.9

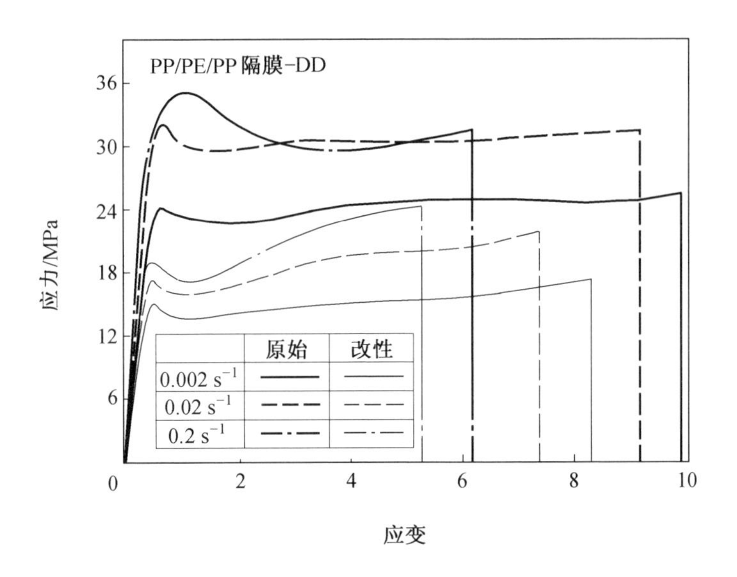

（g）原始隔膜和聚多巴胺改性隔膜在 0.002 s^{-1}、0.02 s^{-1} 和 0.2 s^{-1} 3 种应变率下的应力-应变曲线⑤

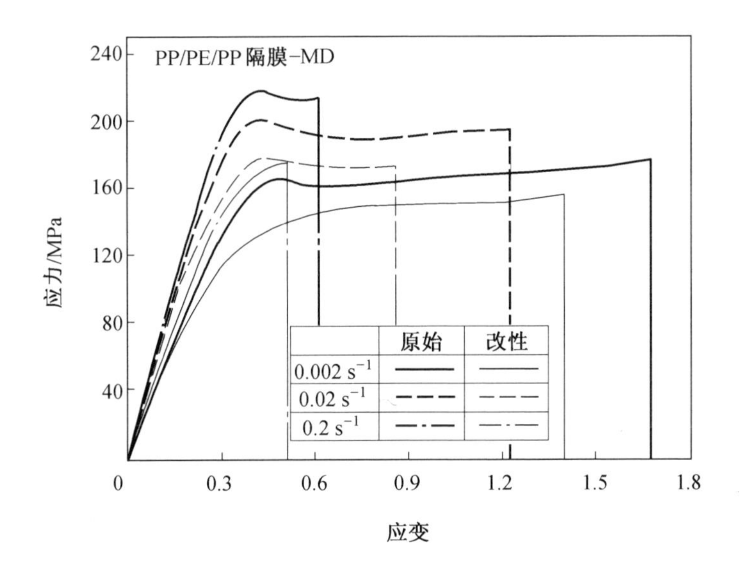

（h）原始隔膜和聚多巴胺改性隔膜在 0.002 s^{-1}、0.02 s^{-1} 和 0.2 s^{-1} 3 种应变率下的应力-应变曲线⑥

续图 5.9

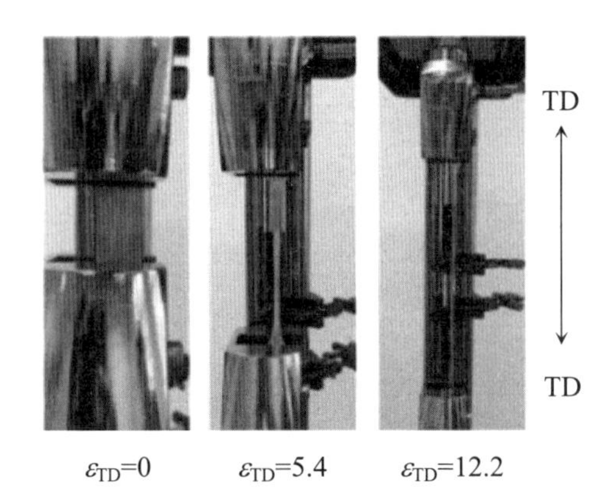

（i）聚多巴胺改性 PP 隔膜沿 TD 方向的单轴拉伸图

（j）聚多巴胺改性 PP 隔膜沿 MD 方向的单轴拉伸图

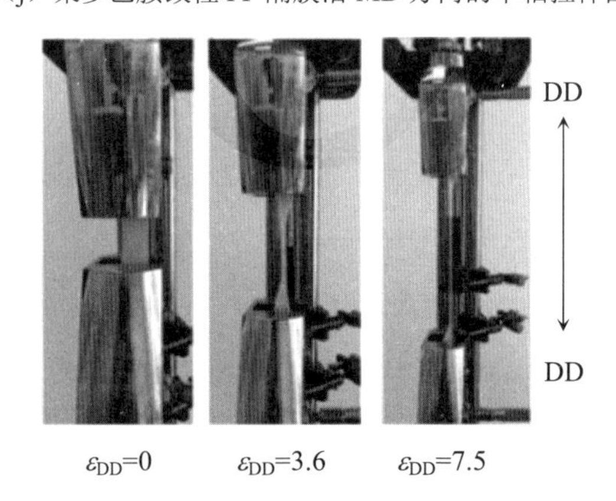

（k）聚多巴胺改性 PP 隔膜沿 DD 方向的单轴拉伸图

续图 5.9

表 5.3　原始隔膜和聚多巴胺改性隔膜沿 TD、MD 和 DD 方向在应变率 $\dot{\varepsilon}=0.02\ \mathrm{s}^{-1}$ 下的屈服应力、失效应力和失效应变

材料参数	屈服应力/MPa			失效应力/MPa			失效应变		
拉伸方向	MD	TD	DD	MD	TD	DD	MD	TD	DD
原始 PP 隔膜	100.22	9.42	14.30	105.45	10.93	15.52	0.79	2.13	1.69
聚多巴胺改性 PP 隔膜	140.74	18.85	24.79	147.03	19.97	25.61	0.93	2.54	2.03
原始 PP/PE/PP 隔膜	174.83	10.98	15.10	174.83	13.27	21.97	0.86	10.86	7.39
聚多巴胺改性 PP/PE/PP 隔膜	201.37	43.48	32.95	202.75	46.22	37.53	1.14	13.37	9.32

表 5.4　原始隔膜和聚多巴胺改性隔膜沿 TD、MD 和 DD 方向在应变率 $\dot{\varepsilon}=0.2\ \mathrm{s}^{-1}$ 下的屈服应力、失效应力和失效应变

材料参数	屈服应力/MPa			失效应力/MPa			失效应变		
拉伸方向	MD	TD	DD	MD	TD	DD	MD	TD	DD
原始 PP 隔膜	112.04	10.64	16.14	109.68	10.59	15.03	0.77	0.32	0.95
聚多巴胺改性 PP 隔膜	148.21	12.50	19.87	153.71	12.06	20.00	0.83	1.29	1.30
原始 PP/PE/PP 隔膜	178.12	12.31	19.09	178.84	13.83	24.76	0.52	8.58	5.26
聚多巴胺改性 PP/PE/PP 隔膜	218.82	45.21	35.13	213.94	46.84	31.47	0.62	10.36	6.13

5.5　本章小结

受贻贝中含有的黏附蛋白具有很强的黏附力的启发，作者采用浸泡法对两种锂离子电池 PP 和 PP/PE/PP 隔膜进行聚多巴胺纳米粒子改性，来提高电池隔膜的离子电导率，增强其与电解液之间的润湿效果，从而提高电池的电化学性能和力学性能。主要得到以下几点结论：

（1）热重法和差示扫描量热法测试结果表明，聚多巴胺粒子改性方法提高了隔膜的热稳定性。通过热收缩率测试结果表明，聚多巴胺改性隔膜的热收缩率明显小于原始隔膜。

（2）聚多巴胺改性粒子还可以降低隔膜的结晶度，增加无定形晶体的比例，提高电解液的吸收性能，从而有利于提高隔膜的离子电导率。此外，隔膜吸液率测试结果表明，聚多巴胺改性隔膜具有良好的亲液表面且与电解液具有很好的相容性，所以改性隔膜提高了对电解液的吸收能力。

（3）根据电化学测试结果，在不同充放电倍率下，聚多巴胺改性隔膜具有很好的电压平台和充放电容量。聚多巴胺改性 PP 隔膜的离子电导率可以达到 κ=0.21 ms/cm，这是原始 PP 隔膜（κ=0.14 ms/cm）的 1.5 倍；聚多巴胺改性 PP/PE/PP 隔膜的离子电导率（κ=2.69 ms/cm）是原始 PP/PE/PP 隔膜（κ=0.44 ms/cm）的 6.1 倍。由于聚多巴胺亲水基团改善了隔膜表面，因此提高了其对电解液的吸收能力和锂离子通量，继而提高了隔膜的离子电导率，降低了欧姆阻抗。

（4）PP 隔膜沿 TD、MD 和 DD 方向在不同应变率下的屈服应力、失效应力、失效应变分别增加了 17.48%～100.11%、13.45%～82.71%、4.08%～303.13%；而 PP/PE/PP 隔膜沿 TD、MD 和 DD 方向在不同应变率下的屈服应力、失效应力、失效应变分别增加了 11.77%～296.00%、12.50%～248.30%、16.53%～32.56%。产生这种现象的主要原因是聚多巴胺改性方法增加了晶片和纤维强度，从而提高了隔膜的力学性能。

第6章　锂离子电池波纹形外壳的抗载荷能力研究

6.1　概　　述

目前电动汽车的动力源主要由锂离子电池提供，单体锂离子电池以并联或串联的方式堆积在一起，形成电池模组，继而形成电池系统。锂离子电池外壳作为一种薄壁结构，是保护电池安全性的第一道屏障，其中核心问题之一便是关于电池外壳结构的抗载荷能力研究。Xia 等研究了锂离子电池模组受到地面物体冲击时的破坏情况，同时对单体电池外壳受到轴向载荷作用下的变形行为进行了研究。Zhang 等研究了锂离子电池外壳的屈曲性能。研究结果表明，单体电池外壳的变形出现很多的不确定性，屈曲过程中产生很高的初始峰值力，后续的屈曲也出现很大的波动，这很容易引起电池内部短路，对电池的安全性造成很大影响。电池外壳的结构耐撞性是指尽可能多地吸收外界载荷所带来的能量，发生规则的屈曲模态。理想的吸能结构具有两个典型特征：初始峰值力尽可能小，随时间的波动幅度也尽可能小。Abramowicz 等研究了圆管受冲击作用下的能量吸收，圆管的变形屈曲模态有轴对称模态、非轴对称模态与混合模态，其中轴对称模态是最优的吸能模态。Karagiozova 等对圆柱壳在轴向载荷作用下的屈曲与吸能性能进行了研究，结果表明，材料属性、几何形状、边界条件以及载荷方式会对圆柱壳的能量吸收和屈曲产生影响。

为了降低薄壁结构的初始峰值力，提高薄壁结构的抗载荷能力，研究人员对薄壁结构进行了不同的构型设计。对于单体电池来说，可以在电池外壳表面设置波纹形状来提高其抗外载荷能力；对于锂离子电池系统来说，可以通过波纹管缓冲吸能元件来连接由波纹形单电池所组成的电池模组（图 6.1）。当电池系统受到外界载荷的作用时，波纹管缓冲吸能元件会起到缓冲吸能的作用，避免电池模组受到极大破坏。单电池的波纹形外壳能产生规则的轴对称屈曲模态，因此也能起到缓冲吸能的作用，避免电池产生刚性破坏而发生内部短路。许多研究人员对波纹形结构的抗外载荷能力做了相关的研究。Alexander 在建立理论模型的过程中最先提出超级折叠单元，并引入了偏心因子 m，偏心因子 m 为向内折叠部分长度与总折叠长度之比。Singace 等通过实验研究了产生轴对称变形模态的圆管的偏心因子 m。波纹管在轴向压缩下，其相同区间波纹表面会产生较大的塑性弯矩和塑性铰，波纹管的设计可以诱导波纹管沿轴向产生轴对称模式。因此，金属波纹管在压缩过程中具有吸能平稳性和可控性的优点，非常适合吸能结构设计。Jiang 等研究了双正弦波纹梁在轴向冲击下的能量吸收性能，理论模型引入了振幅因子 n。Hou 等研究了在方管上引入双正弦波的波纹管在轴向冲击作用下的能量吸收行为，得到的数值模拟结果与理论分析结果与数值模拟相吻合。Liu 等研究了波纹管在轴向冲击下的变形特性和能量吸收。

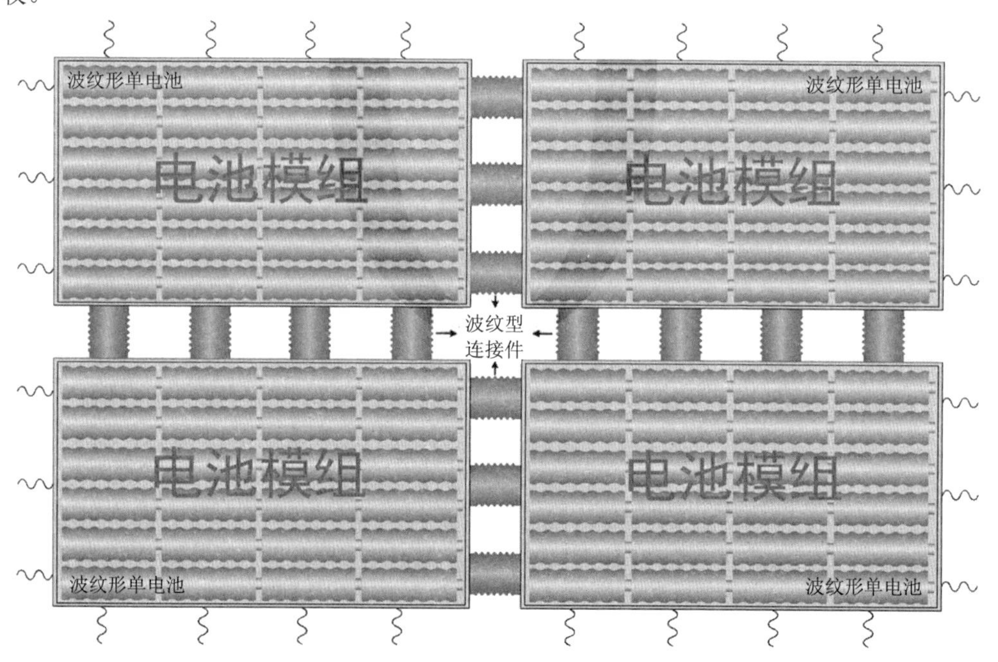

图 6.1　波纹形单电池和由波纹管缓冲吸能元件连接的电池模组所组成的电池系统

目前，对于正弦波纹管在轴向静态和动态压缩下的塑性屈曲的理论分析还很少。本章为了研究锂离子单电池外壳和连接电池模组的波纹管元件的缓冲吸能能力，通过在锂离子电池外壳结构表面引入正弦波纹形状形成波纹管来研究电池外壳在静态和动态载荷作用下的抗载荷能力与能量吸收性能。通过在理论模型中引入偏心因子 m 和振幅因子 n 并考虑材料的应变强化效应，建立波纹外壳的塑性屈曲理论模型，得到了能量吸收、压溃力的理论解析解。通过该理论结果可以预测波纹结构在轴向载荷下的平均压溃载荷和能量吸收性能，此结果能够为研究薄壁锂离子电池外壳结构在轴向压缩下的吸能平稳性和变形可控性提供参考。

6.2　波纹形外壳模型和屈曲机理

6.2.1　波纹形外壳模型

锂离子电池波纹形外壳在轴向载荷作用下的屈曲模态与圆管产生的轴对称环形模态相似。正弦波纹外壳在轴向载荷压缩下的渐进屈曲模态如图 6.2 所示。本章研究的电池波纹形外壳的几何模型是母线为正弦曲线绕着中心轴 OZ 旋转一周得到的，其表达式为

$$y = f(x) = a\sin\left(\frac{2\pi}{\lambda}\right)x \tag{6.1}$$

式中　λ——正弦曲线的波长；

　　　a——正弦曲线的振幅。

正弦波纹管的总长为 L，弧长为 $2l$，壁厚为 h，正弦波长的波峰距离中心轴和波谷距离中心轴的平均值为 D。半弧长 l 的表达式为

$$l = \frac{\lambda}{2}\sqrt{1+A}\left(1-\frac{K^2}{4}\right) \tag{6.2}$$

其中，$A=\dfrac{4\pi^2a^2}{\lambda^2}$，$K^2=\dfrac{A}{1+A}$。半弧长 l 是波长λ和振幅 a 的函数。正弦波纹外壳放置在刚性体上，其顶端受到一刚性体沿轴向载荷的作用，图 6.2（b）给出了几何参数为 D=50 mm、h=1 mm、λ=29.43 mm、a=2 mm 的正弦波纹外壳在轴向载荷作用下的有限元结果。

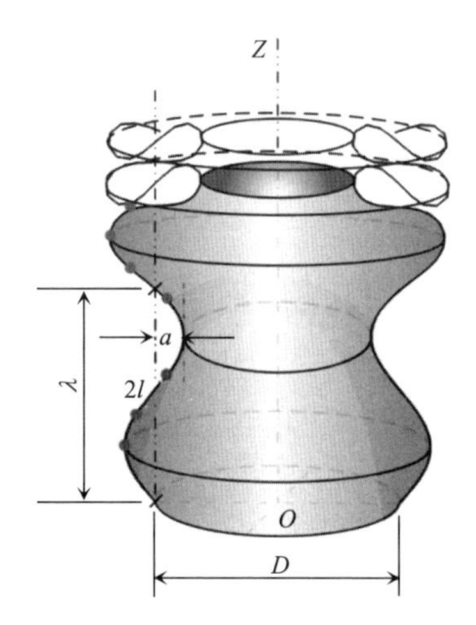

（a）带有波长λ、振幅 a 和弧长 $2l$ 的正弦波纹外壳

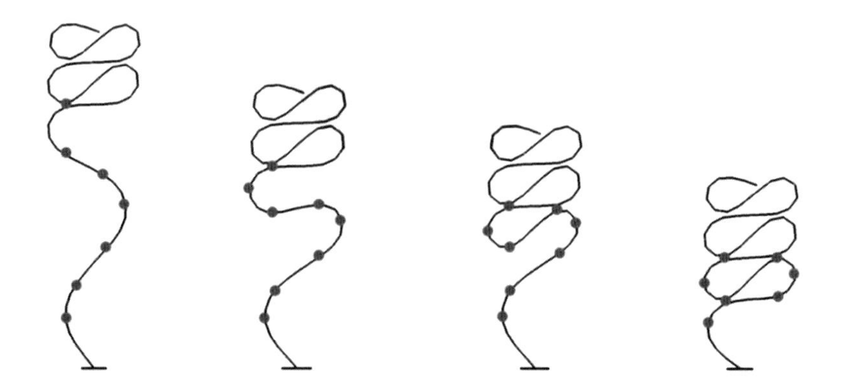

（b）渐进屈曲模态（D=50 mm，h=1 mm，λ=29.43 mm，a=2 mm）

图 6.2　正弦波纹外壳在轴向载荷压缩下的渐进屈曲模态

由于锂离子电池波纹形外壳最常用铝壳或者钢壳，因此本章中的波纹管材料采用铝 6060-T4，准静态拉伸试验测得铝 6060-T4 的应力–应变曲线如图 6.3（a）所示。铝 6060-T4 的应变硬化特征在初始屈服后很明显，因此其采用双线性各向同性硬化模型，如图 6.3（b）所示。由于波纹管的壁很薄，所以沿厚度方向的应力σ_z、τ_{yz}和τ_{xz}非常小，产生轴对称渐进屈曲的薄壁波纹管的应力场可近似为平面应力场（$\sigma_x \neq 0$、$\sigma_\theta \neq 0$）。当双线性各向同性硬化材料服从 von Mises 屈服准则时，平面应力屈服条件可表示为

$$F=\sigma_{xx}^2+\sigma_{xx}\sigma_{yy}+\sigma_{yy}^2+3\sigma_{xy}^0-\sigma_0^2=0 \tag{6.3}$$

式中　σ_0——等效流动应力。

由于σ_0是应变历史和应变率的函数，因此等效流动应力σ_0大于初始屈服应力σ_y，但小于极限强度σ_u。考虑材料的应变硬化效应，其等效流动应力σ_0可表示为

$$\sigma_0=\sqrt{\frac{\sigma_y\sigma_u}{1+\kappa}} \tag{6.4}$$

式中　σ_y——材料的屈服应力；

σ_u——材料的极限强度；

κ——材料的应变硬化指数。

弹性完全塑性模型满足$\frac{\mathrm{d}\sigma}{\mathrm{d}\varepsilon}=0$，双线性硬化模型满足$\frac{\mathrm{d}\sigma}{\mathrm{d}\varepsilon}>0$，双线性软化模型满足$\frac{\mathrm{d}\sigma}{\mathrm{d}\varepsilon}<0$［图 6.3（b）］。在方程（6.4）中，当$\kappa>0$时，材料的等效流动应力$\sigma_0$可以描述为硬化行为；当$\kappa>0$时，材料的等效流动应力$\sigma_0$可以描述为软化行为。研究结果表明，双线性硬化模型和弹性完全塑性模型的理论结果与实验结果吻合。因此，基于前人的研究结果，本章的材料模型假设为双线性各向同性硬化模型。需要注意的是，根据方程（6.4），当$\kappa>0$时，等效流动应力σ_0随着$|\kappa|$的增加而减小；当$\kappa<0$时，等效流动应力σ_0随着$|\kappa|$的增加而增加。因此，基于双线性硬化模型的假设可能会低于实际值，而基于双线性软化模型的假设可能会高于实际值。铝 6060-T4

的弹性模量 E=70 GPa，初始屈服应力σ_y=80 MPa，极限强度σ_u=173 MPa，泊松比μ=0.3，应变硬化指数κ=0.23，等效流动应力σ_0=106 MPa。同时，由于6×××铝材对应变率不敏感，因此可以忽略材料的应变率效应。

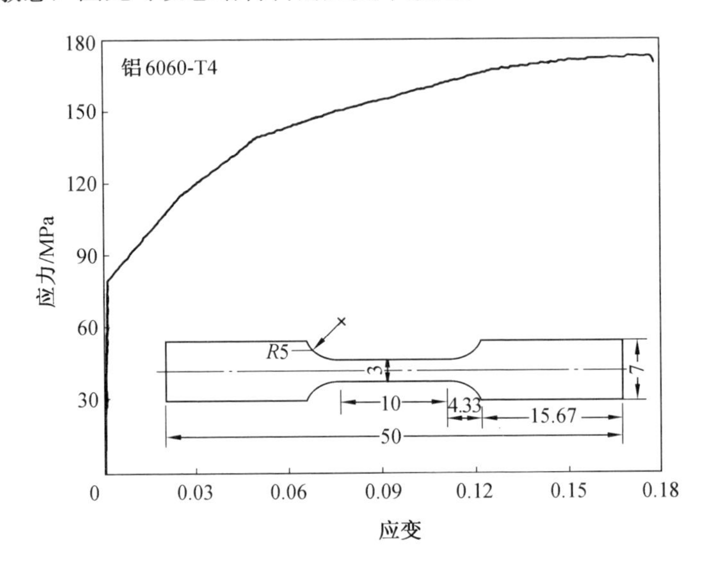

（a）铝6060-T4的应力-应变曲线

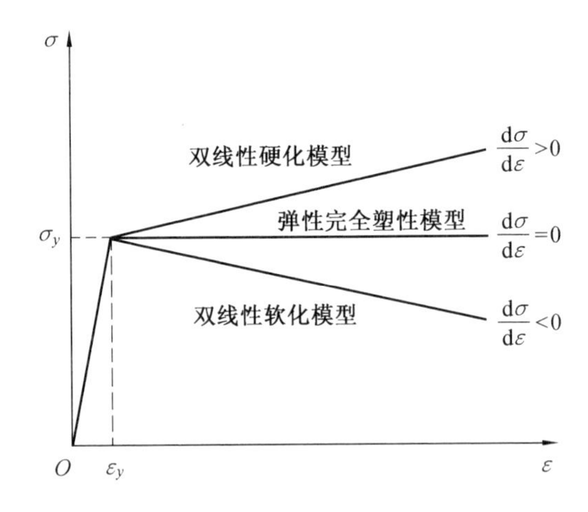

（b）双线性各向同性硬化模型

图6.3　铝的本构关系图

6.2.2　屈曲机理

圆管在压溃的过程中，一部分褶皱向外折叠，一部分褶皱向内折叠，则塑性铰之间的所有材料都要产生周向拉伸应变。对于波纹管受到轴向压缩作用的情况，其变形模式与圆管产生轴对称圆环模式相似。Alexander 首先提出轴对称圆环模式轴向压溃的理论模式。Wierzbicki 和 Abramowicz 开发了超级折叠单元法来预测薄壁结构的平均压溃力，并将该理论应用于薄壁波纹管的渐进屈曲问题。在轴向压缩波纹管过程中，沿着波纹管轴向方向形成一系列塑性铰线，压溃过程中褶皱从上到下依次生成，最终生成 7 个圆周塑性铰。也就是说，其他未变形部分不影响波纹管的变形部分，每一间段的变形区域仅局限在小范围内，整个变形过程包含一系列完整的折叠循环。一个正弦波长（ACD 弧段）包含两个半波长 AC 弧段和 CD 弧段。当该正弦波长发生屈曲时，第一个半波长 AC 弧段先发生屈曲，直至其屈曲结束，该屈曲阶段称为第一阶段（Part Ⅰ），该阶段产生的位移为δ^{I}。当第一个半波长屈曲结束时，第二个半波长 CD 弧段开始发生屈曲，直至其屈曲结束，该屈曲阶段称为第二阶段（Part Ⅱ），该阶段产生的位移为δ^{II}。一个完整的屈曲褶皱如图 6.4 所示，其中点 A、B、C、D、E、F 和 G 代表塑性铰。

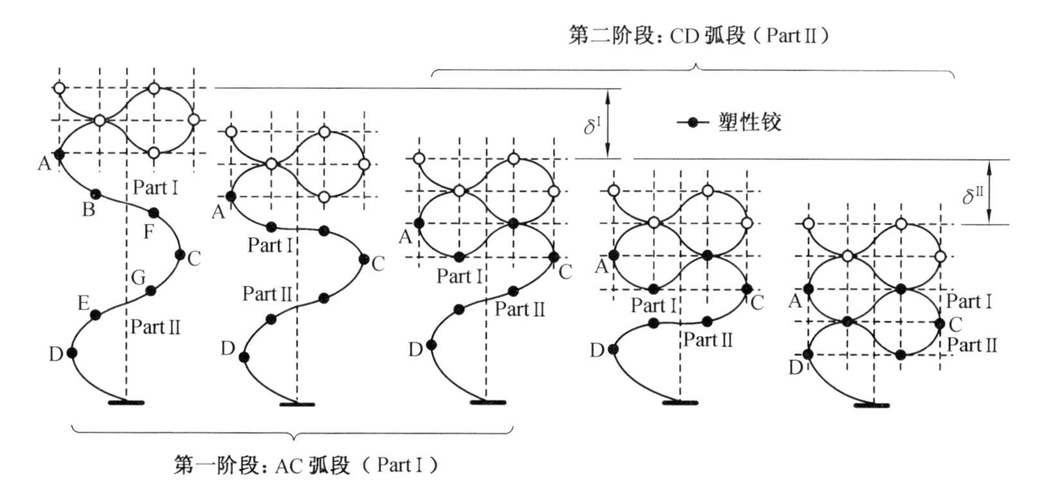

图 6.4　一个完整的屈曲褶皱

6.2.3 几何关系

为了便于更加清楚地说明褶皱的产生过程，故将波纹简画成直线，而实际中是波纹形结构。在第一阶段（Part Ⅰ），偏心因子 m 和振幅因子 n 与初始临界角 α_0^{I} 和 β_i^{I} 有关（图 6.5），表达式为

$$\cos\alpha_0^{\mathrm{I}} = n + m\,,\quad \cos\beta_i^{\mathrm{I}} = 2n \qquad [6.5（a）]$$

振幅为 $a=nl$，偏心因子 m 为向内折叠部分长度与总折叠长度之比。在产生褶皱的过程中，令第一阶段任意时刻的折叠角为 α^{I} 和 β^{I}，其几何关系为

$$\cos\beta^{\mathrm{I}} = \cos\alpha^{\mathrm{I}} - m + n \qquad [6.5（b）]$$

折叠角的变化率为

$$\dot{\beta}^{\mathrm{I}} = \frac{\dot{\alpha}^{\mathrm{I}}\cdot\sin\alpha^{\mathrm{I}}}{\sqrt{1-(\cos\alpha^{\mathrm{I}}-m+n)^2}} \qquad [6.5（c）]$$

在第二阶段（PartⅡ），偏心因子 $m'=1-m$ 和振幅因子 n 与初始临界角 β_0^{II} 和 α_i^{II} 有关（图 6.6），表达式为

$$\cos\beta_0^{\mathrm{II}} = 1 + n - m\,,\quad \cos\alpha_i^{\mathrm{II}} = 2n \qquad [6.6（a）]$$

令第二阶段任意时刻的折叠角为 α^{II} 和 β^{II}，其几何关系为

$$\cos\beta^{\mathrm{II}} = \cos\alpha^{\mathrm{II}} + 1 - m - n \qquad [6.6（b）]$$

折叠角的变化率为

$$\dot{\alpha}^{\mathrm{II}} = \frac{\dot{\beta}^{\mathrm{II}}\cdot\sin\beta^{\mathrm{II}}}{\sqrt{1-(\cos\beta^{\mathrm{II}}-1+m+n)^2}} \qquad [6.6（c）]$$

因此，前两个阶段（Part Ⅰ和 PartⅡ）的折叠机构分别代表含有参数 α^{I} 和 β^{II} 的单自由度系统。

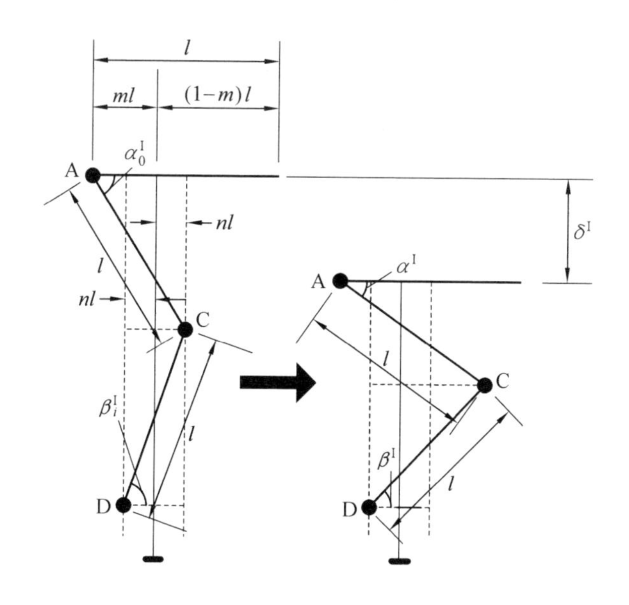

图 6.5　第一阶段（Part Ⅰ）的理论简化模型

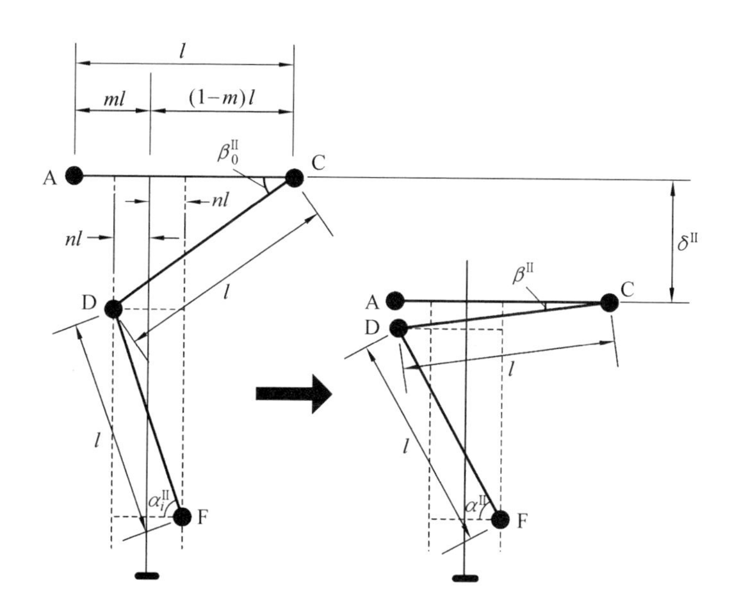

图 6.6　第二阶段（Part Ⅱ）的理论简化模型

6.3 准静态载荷作用下的理论模型

当波纹管受到准静态载荷作用时，取一个完整的褶皱为研究对象，根据系统的能量守恒，波纹管的外力所做的功被塑性铰线的塑性弯曲做的功和塑性铰之间的周向伸长做的功所耗散，其表达式为

$$P_{\mathrm{m}} \cdot 2l\eta = E_{\mathrm{b}} + E_{\mathrm{m}} \tag{6.7}$$

式中 P_{m}——完成整个压溃过程的平均外力；

l——波纹管半褶皱长；

η——有效的压缩距离因子；

E_{b}——塑性弯曲耗散能；

E_{m}——拉伸耗散能。

6.3.1 塑性弯曲耗散能

在一个完整的折叠周期内，波纹管的塑性弯曲耗散能变化率为

$$\dot{E}_{\mathrm{b}} = \sum_{i=1}^{n} \pi D M_{\mathrm{p}} \,|\, \dot{\theta}_i \,| \tag{6.8}$$

式中 D——正弦波长的波峰距离中心轴和波谷距离中心轴的平均值，即波纹管的直径；

M_{p}——单位周向长度的塑性极限弯矩，$M_{\mathrm{p}} = \dfrac{\sigma_0 h^2}{4}$；

$\dot{\theta}_i$——第 i 个塑性铰的转角变化率。

波纹管在第一阶段发生屈曲的过程中，分别在 A 点、C 点和 D 点产生 3 个塑性铰，A 点、C 点和 D 点塑性铰的转角变化率分别为

$$\dot{\theta}_1^{\mathrm{I}} = \dot{\alpha}^{\mathrm{I}} \tag{6.9(a)}$$

$$\dot{\theta}_2^{\mathrm{I}} = \dot{\alpha}^{\mathrm{I}} + \dot{\beta}^{\mathrm{I}} \tag{6.9(b)}$$

$$\dot{\theta}_3^{\mathrm{I}} = -\dot{\beta}^{\mathrm{I}} \tag{6.9(c)}$$

将方程（6.9）代入方程（6.8）中，波纹管在第一阶段的塑性弯曲耗散能变化率为

$$\dot{E}_{\mathrm{b}}^{\mathrm{I}} = 2\pi D M_{\mathrm{p}}(|\dot{\alpha}^{\mathrm{I}}| + |\dot{\beta}^{\mathrm{I}}|) \tag{6.10}$$

波纹管在第一阶段的塑性弯曲耗散能可通过将方程（6.10）在区间[0，t_f]积分得到

$$E_{\mathrm{b}}^{\mathrm{I}} = \int_0^{t_{\mathrm{f}}} \dot{E}_{\mathrm{b}}^{\mathrm{I}} \mathrm{d}t \tag{6.11}$$

式中　[0，t_{f}]——第一阶段的起始时间 0 到结束时间 t_{f}。

在第一阶段，波纹管的转角的变化区间为[α_0^{I}，0]，根据积分上下限替换原则，可以将时间的上下限替换成转角的上下限，方程（6.11）表示为

$$E_{\mathrm{b}}^{\mathrm{I}} = \int_{\alpha_0}^{0} \dot{E}_{\mathrm{b}}^{\mathrm{I}} \mathrm{d}\alpha^{\mathrm{I}} \tag{6.12}$$

将方程[6.5（c）]代入方程（6.10）得到

$$E_{\mathrm{b}}^{\mathrm{I}} = 2\pi D M_{\mathrm{p}} \int_{\alpha_0^{\mathrm{I}}}^{0} \left[\left|\dot{\alpha}^{\mathrm{I}}\right| + \left| \frac{\dot{\alpha}^{\mathrm{I}} \cdot \sin\alpha^{\mathrm{I}}}{\sqrt{1-(\cos\alpha^{\mathrm{I}} - m + n)^2}} \right| \right] \mathrm{d}\alpha^{\mathrm{I}} \tag{6.13}$$

由于 $\dot{\alpha}^{\mathrm{I}} < 0$，因此方程（6.13）可表示为

$$E_{\mathrm{b}}^{\mathrm{I}} = 2\pi D M_{\mathrm{p}} \int_{\alpha_0^{\mathrm{I}}}^{0} \left[-\dot{\alpha}^{\mathrm{I}} + \left| \frac{-\dot{\alpha}^{\mathrm{I}} \cdot \sin\alpha^{\mathrm{I}}}{\sqrt{1-(\cos\alpha^{\mathrm{I}} - m + n)^2}} \right| \right] \mathrm{d}\alpha^{\mathrm{I}} \tag{6.14}$$

将方程[6.5（a）]代入方程（6.14），波纹管在第一阶段的塑性弯曲耗散能为

$$E_{\mathrm{b}}^{\mathrm{I}} = 2\pi D M_{\mathrm{p}}[\arccos(n+m) + \arcsin(1-m+n) - \arcsin 2n] \tag{6.15}$$

同理，波纹管在第二阶段的塑性弯曲耗散能为

$$E_{\mathrm{b}}^{\mathrm{II}} = 2\pi D M_{\mathrm{p}}[\arccos(n+1-m) + \arcsin(m+n) - \arcsin 2n] \tag{6.16}$$

因此，在一个完整折叠循环中，根据方程（6.15）和方程（6.16）得到波纹管的总塑性弯曲耗散能为

$$E_{\rm b}=E_{\rm b}^{\rm I}+E_{\rm b}^{\rm II}=2\pi DM_{\rm p}(\pi-2\arcsin 2n) \tag{6.17}$$

由方程（6.17）可知：波纹管的总塑性弯曲耗散能只与振幅因子 n 有关，与偏心因子 m 无关。当 n=0 时，波纹管的总塑性弯曲耗散能退化为圆管的总塑性弯曲耗散能，方程（6.17）退化为

$$E_{\rm b}=2\pi^2 DM_{\rm p} \tag{6.18}$$

此结果与 Wierzbicki 等得到的圆管的理论解析解一致。

6. 3. 2 拉伸耗散能

波纹管在实际压溃过程中，一部分褶皱向外折叠（拉伸作用），一部分褶皱向内折叠（压缩作用），则塑性铰之间的所有材料都要产生周向拉伸应变和径向位移。假设沿周向压缩变形区域内单元的横向坐标为 s，拉伸耗散能变化率可表示为

$$\dot{E}_{\rm m}=2\pi DN_{\rm p}\int_s\left|\frac{\dot{r}(s)}{D}\right|{\rm d}s \tag{6.19}$$

式中 $N_{\rm p}$——单位长度的塑性极限拉伸力，$N_{\rm p}=\sigma_0 h$；

$\dot{r}(s)$——波纹管产生褶皱的所有单元的径向速度。

由于波纹管模型为轴对称结构，所以方程（6.19）忽略了轴向应变和剪切应变（$\dot{\varepsilon}_r=0$，$\dot{\gamma}_{r\theta}=0$）的影响。假设弯曲力和拉伸力之间没有相互作用。

波纹管在第一阶段任意时刻的折角的变化范围满足 $\alpha^{\rm I}\in[\alpha_0^{\rm I},0]$。其 AC 弧段单元（Part Ⅰ）的径向位移 $r_{AC}^{\rm I}(s^{\rm I})$ 和径向速度 $\dot{r}_{AC}^{\rm I}(s^{\rm I})$ 的表达式分别为

$$r_{\rm AC}^{\rm I}(s^{\rm I})=s^{\rm I}\cos\alpha^{\rm I}-l\cos\alpha_0^{\rm I} \tag{6.20 (a)}$$

$$\dot{r}_{\rm AC}^{\rm I}(s^{\rm I})=-s^{\rm I}\dot{\alpha}^{\rm I}\sin\alpha^{\rm I} \tag{6.20 (b)}$$

需要注意的是，在第一阶段存在 $\dot{r}(s)>0$ 和 $\dot{\varepsilon}_\theta(s)>0$ 的条件，因此，在第一阶段壳单元受到拉力作用。类似的，在第一阶段 CD 弧段单元（Part Ⅱ）的径向位移 $r_{\rm CD}^{\rm I}(s^{\rm I})$

和径向速度 $\dot{r}_{CD}^{I}(s^{I})$ 的表达式分别为

$$r_{CD}^{I}(s^{I}) = s^{I}\cos\beta^{I} - nl \quad [6.21（a）]$$

$$\dot{r}_{CD}^{I}(s^{I}) = -s^{I}\dot{\beta}^{I}\sin\beta^{I} \quad [6.21（b）]$$

将方程[6.20（b）]和方程[6.21（b）]代入方程（2.19），积分得到波纹管在第一阶段的拉伸耗散能为

$$E_{m}^{I} = =2\pi N_{p} l^{2}(1-n-m) \quad （6.22）$$

同理，波纹管在第二阶段的拉伸耗散能表示为

$$E_{m}^{II} = 2\pi N_{p} l^{2}(m-n) \quad （6.23）$$

因此，在一个完整折叠循环中，根据方程（6.22）和方程（6.23）得到波纹管的总拉伸耗散能为

$$E_{m} = E_{m}^{I} + E_{m}^{II} = 2\pi N_{p} l^{2}(1-2n) \quad （6.24）$$

由方程（6.24）可知：波纹管的总拉伸耗散能只与振幅因子 n 有关，与偏心因子 m 无关。当 n=0 时，波纹管的总拉伸耗散能退化为圆管的总拉伸耗散能，方程（6.24）退化为

$$E_{m} = 8\pi N_{p} H^{2} \quad （6.25）$$

此结果与 Wierzbicki 等得到的圆管的理论解析解一致。

6. 3. 3　平均压溃力

平均压溃力 P_{m} 在一个完整折叠循环中所做的功为 $W = P_{m} \cdot 2l\eta$，η为有效压缩距离因子，根据系统的能量守恒，波纹管所做的外力功被塑性铰线的塑性弯曲以及塑性铰之间材料的周向伸长所耗散。将方程（6.18）和方程（6.25）代入方程（6.7）可得

$$P_{\mathrm{m}}=\frac{\pi DM_{\mathrm{p}}(\pi-2\arcsin 2n)}{l\eta}+\frac{\pi N_{\mathrm{p}}l(1-2n)}{\eta} \tag{6.26}$$

将$\dfrac{M_{\mathrm{p}}}{N_{\mathrm{p}}}=\dfrac{h}{4}$代入方程（6.26）可得

$$\frac{P_{\mathrm{m}}}{M_{\mathrm{p}}}=\frac{\pi D(\pi-2\arcsin 2n)}{\eta l}+\frac{4\pi l(1-2n)}{\eta h} \tag{6.27}$$

根据弧长 l 应当使平均压溃力 P_{m} 取极小值的思想，令$\dfrac{\partial P_{\mathrm{m}}}{\partial l}=0$，得

$$l=\frac{1}{2}\sqrt{\frac{Dh(\pi-2\arcsin 2n)}{1-2n}} \tag{6.28}$$

将方程（6.28）代入方程（6.26）和（6.27）中，得到

$$P_{\mathrm{m}}=\frac{4\pi M_{\mathrm{p}}}{\eta}\sqrt{\frac{D(\pi-2\arcsin 2n)(1-2n)}{h}} \tag{6.29}$$

和

$$\frac{P_{\mathrm{m}}}{M_{\mathrm{p}}}=\frac{4\pi}{\eta}\sqrt{\frac{D(\pi-2\arcsin 2n)(1-2n)}{h}} \tag{6.30}$$

Wierzbicki 和 Abramowicz 认为对于动态压缩过程，由于存在惯性效应，有效压缩距离因子是褶皱长度的 0.70～0.75。在方程（6.30）中，当$\eta=1$时，平均压溃力为准静态情况下考虑应变硬化效应的情况；当 $0.70\leqslant\eta\leqslant0.75$ 时，平均压溃力为准静态情况下不考虑应变硬化效应的情况。对于不同的η，方程（6.30）可简化为

$$\frac{P_{\mathrm{m}}}{M_{\mathrm{p}}}=12.56\sqrt{\frac{D(\pi-2\arcsin 2n)(1-2n)}{h}}\quad(\eta=1) \qquad [6.31（a）]$$

$$\frac{P_{\mathrm{m}}}{M_{\mathrm{p}}}=17.90\sqrt{\frac{D(\pi-2\arcsin 2n)(1-2n)}{h}}\quad(\eta=0.70) \qquad [6.31（b）]$$

$$\frac{P_{\mathrm{m}}}{M_{\mathrm{p}}}=16.74\sqrt{\frac{D(\pi-2\arcsin 2n)(1-2n)}{h}}\quad(\eta=0.75)\qquad[6.31（c）]$$

当 n=0 时，波纹管的平均压溃力退化为圆管的平均压溃力。当$\eta=1$ 时，方程[6.31（a）]可退化为

$$\frac{P_{\mathrm{m}}}{M_{\mathrm{p}}}=22.27\sqrt{\frac{D}{h}}\qquad（6.32）$$

此结果与 Alexander、Wierzbicki 等和 Singace 等得到的固定塑性铰模型的解析解一致。方程（6.31）预测了正则化平均压溃力 $\frac{P_{\mathrm{m}}}{M_{\mathrm{p}}}$ 与 $\left(\frac{D}{h}\right)^{0.5}$ 成正比。

6. 3. 4　任意时刻的压溃力

由图 6.4 可知，一个完整褶皱的总位移是第一阶段位移 δ^{I} 与第二阶段位移 δ^{II} 的和。在第一阶段，波纹管的位移 δ^{I} 和瞬时位移 $\dot{\delta}^{\mathrm{I}}$ 分别表示为

$$\delta^{\mathrm{I}}=l[1-(n+m)^2+\sqrt{1-4n^2}-\sin\alpha^{\mathrm{I}}-\sin\beta^{\mathrm{I}}]\quad(\alpha_0^{\mathrm{I}}\leqslant\alpha^{\mathrm{I}}\leqslant 0,\ \frac{\pi}{2}\leqslant\beta^{\mathrm{I}}\leqslant\beta_0^{\mathrm{I}})\ [6.33（a）]$$

$$\dot{\delta}^{\mathrm{I}}=-l(\dot{\alpha}^{\mathrm{I}}\cos\alpha^{\mathrm{I}}+\dot{\beta}^{\mathrm{I}}\cos\beta^{\mathrm{I}})\qquad[6.33（b）]$$

在第二阶段，波纹管的位移 δ^{II} 和瞬时位移 $\dot{\delta}^{\mathrm{II}}$ 分别表示为

$$\delta^{\mathrm{II}}=l[1-(1+n-m)^2+\sqrt{1-4n^2}-\sin\alpha^{\mathrm{II}}-\sin\beta^{\mathrm{II}}]\ (\frac{\pi}{2}\leqslant\alpha^{\mathrm{II}}\leqslant\alpha_0^{\mathrm{II}},\ \beta_0^{\mathrm{II}}\leqslant\beta^{\mathrm{II}}\leqslant 0)\ [6.34（a）]$$

$$\dot{\delta}^{\mathrm{II}}=-l(\dot{\alpha}^{\mathrm{II}}\cos\alpha^{\mathrm{II}}+\dot{\beta}^{\mathrm{II}}\cos\beta^{\mathrm{II}})\qquad[6.34（b）]$$

根据能量守恒定理，$P_{\mathrm{t}}(\dot{\delta}^{\mathrm{I}}+\dot{\delta}^{\mathrm{II}})=\dot{E}_{\mathrm{b}}+\dot{E}_{\mathrm{m}}$，其中 P_{t} 为任意时刻的压溃力。对于第一阶段任意时刻的压溃力 $\frac{P_{\mathrm{t}}}{M_{\mathrm{p}}}$ 可表示为

$$\frac{P_{\mathrm{t}}}{M_{\mathrm{p}}}=\frac{\frac{2\pi D}{l}\left[1+\frac{\sin\alpha^{\mathrm{I}}}{\sqrt{1-\left(\cos\alpha^{\mathrm{I}}-m+n\right)^{2}}}\right]+\frac{8\pi l\sin\alpha^{\mathrm{I}}}{h}}{\cos\alpha^{\mathrm{I}}+\frac{\sin\alpha^{\mathrm{I}}\left(\cos\alpha^{\mathrm{I}}-m+n\right)}{\sqrt{1-\left(\cos\alpha^{\mathrm{I}}-m+n\right)^{2}}}} \tag{6.35}$$

联立方程（6.30）和方程（6.35），令$\psi=\frac{\sin\alpha}{(1-\xi^{2})^{\frac{1}{2}}}$，$\xi=\cos\alpha-m+n$，波纹管在第一阶段任意时刻的正则化压溃力$\frac{P_{\mathrm{t}}}{P_{\mathrm{m}}}$可表示为

$$\frac{P_{\mathrm{t}}}{P_{\mathrm{m}}}=\frac{2Dh\eta\left(1+\psi\right)+8l^{2}\eta\sin\alpha}{(\cos\alpha+\psi\xi)\{Dh[\pi-2\arcsin(2n)]+4l^{2}(1-2n)\}} \tag{6.36}$$

同理，将方程（6.36）中的ξ 替换为$\xi'=\cos\alpha-1+m+n$，即可得到波纹管在第二阶段任意时刻的正则化压溃力$\frac{P_{\mathrm{t}}}{P_{\mathrm{m}}}$。

当波纹管退化为圆管时（n=0），考虑硬化效应（$\eta=1$），初始压溃力产生于初始压溃过程中，即 $\cos\alpha=\cos\alpha_0=m$，将方程（6.28）代入方程（6.36）可化简为

$$\frac{P_{\mathrm{t}}}{P_{\mathrm{m}}}=\frac{1+\sqrt{1-m^{2}}}{\pi m}+\frac{\sqrt{1-m^{2}}}{m} \tag{6.37}$$

方程（6.37）的表达式与 Wierzbicki 等的研究结果一致。根据 Wierzbicki 等的理论分析，偏心系数 m 是任意且不确定的，正则化压溃力的结果一般在 m=0.25 和 m=0.75 区间计算。Singace 等推导了 m 值，但 m 仅适用于圆管而不适用于波纹管。对于波纹管，向内和向外的屈曲折叠距离基本相同（图 6.2）。因此，假设 m=0.5 对波纹管进行理论分析是合理的。

6.4　动态冲击载荷作用下的理论模型

6.4.1　横向惯性效应和初始动能

一般来说，波纹管的轴向低速冲击被看作是准静态过程，所以会忽略惯性效应的影响。当冲击物的质量（G）远大于波纹管的质量（w）时，这是一个合理的简化。冲击物的轴向惯性力为 $G\ddot{u}$，其中 $\ddot{u}$ 为冲击时的轴向减速度。在实验过程中，当波纹管受到很小的轴向冲击速度 V 以及很轻的冲击物 G 冲击时，冲击物可能有轻微的回弹。但是根据很多学者的研究，实际中可以忽略轻微反弹的影响。当波纹管受到很大的轴向冲击速度 V 以及很重的冲击物 G 冲击时，反弹现象将会消失。如果轴向速度-时间历程在冲击物与波纹管端的交界面是连续的，则波纹管中的轴向惯性力为 $w\ddot{u}$ 量级，当 $m \ll G$ 时，与 $G\ddot{u}$ 相比轴向惯性力是可以忽略的，但是波纹管的横向惯性效应不可以忽略。

基于荷载-位移曲线，Calladine 和 English 研究得出结构通过大位移来吸收能量的方式主要取决于两种类型的结构。研究发现，第二类结构（Type-Ⅱ）的荷载-位移曲线在初始峰值后急剧下降；第一类结构（Type-Ⅰ）的荷载-位移曲线属于顶部平坦类型。而 Type-Ⅱ结构比 Type-Ⅰ结构对速度更为敏感，也就是说，当冲击物以一定冲击能量冲击时，波纹管的最终变形强烈地依赖于冲击速度。很显然，本章研究的波纹管属于 Type-Ⅱ结构。在屈曲过程中，由于波纹的存在，波纹管产生了“初始几何缺陷”，波纹管上任意一点必须向外/内移动（或径向移动），因此波纹管的横向惯性效应不容忽视。Tam 和 Calladine 研究表明，Type-Ⅱ型结构的动态响应包括两个运动相：运动第一相[图 6.7（b）]的持续时间短且有限，碰撞过程中，冲击物的初始动能通过横向变形耗散，且产生初始塑性铰；运动第二相[图 6.7（c）]的变形响应包括塑性铰处的弯曲和拉伸。因此，横向惯性效应在运动第一相占主导作用，运动第一相的横向惯性效应可以基于经典非弹性碰撞理论来研究。

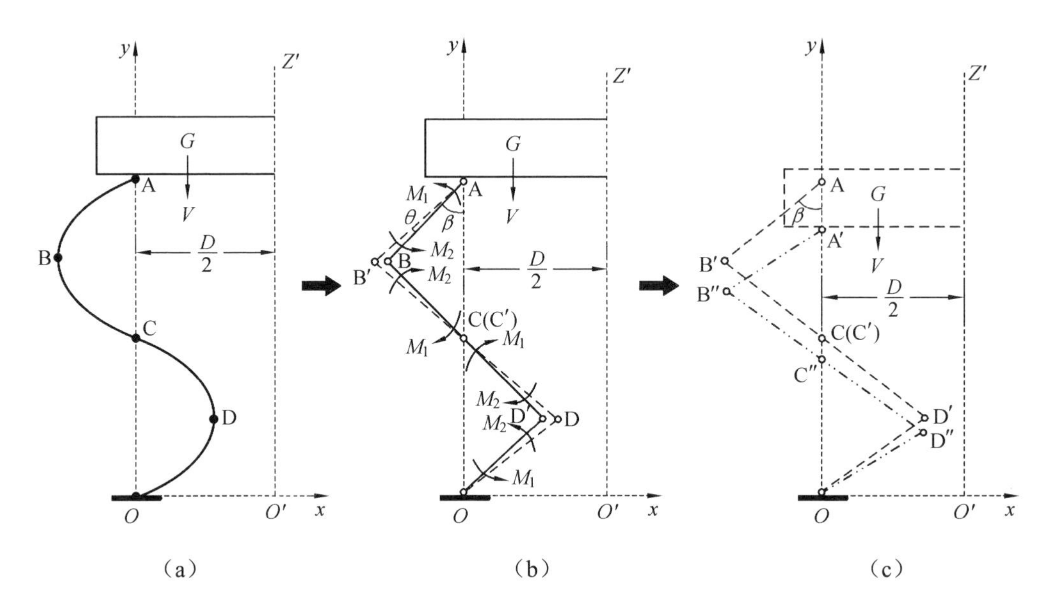

图 6.7　波纹管一个完整折叠单元的运动第一相（b）和运动第二相（c）示意图

波纹管一个完整折叠单元的运动第一相示意图如图 6.7（b）所示。该系统包含质量为 G、速度为 V 的刚性冲击物和一个完整的折叠单元（正弦曲线的波长），冲击物的初始动能为 $U_0=\dfrac{GV^2}{2}$。$\dfrac{1}{4}$ 正弦波纹管的弧长为 $\dfrac{l}{2}$、质量为 $\mathrm{d}w_0=\dfrac{\rho lh\mathrm{d}s_1}{2}$，正弦波纹形成的初始角度为$\beta$，在运动第一相的初始缺陷角度为 θ_0。假设波纹管一个完整折叠单元是由 5 个铰链铰接形成的单自由度系统，弯矩分别为 M_1 和 M_2。运动第一相持续时间短且有限，持续时间为 t^*，因此运动第一相的时间响应范围为 $0\leqslant t\leqslant t^*$；运动第二相的时间响应范围为 $t\geqslant t^*$。

在运动第一相阶段（$0\leqslant t\leqslant t^*$）的任意时刻，波纹管完成一个折叠周期的动能可以表示为

$$U=\int_{s_1}\sum_{i}^{4}U_i\mathrm{d}U=\int_0^{\pi D}\left\{\sum_{i}^{4}\left[\frac{1}{2}J\dot{\theta}^2+\frac{1}{2}(G+\mathrm{d}w_0)\left(\frac{l}{2}\dot{\theta}\right)^2\sin^2(\beta+\theta)\right]_i\right\} \tag{6.38}$$

式中　s_1——波纹管沿圆周方向的单位宽度；

J——一个完整折叠单元的转动惯量，$J=\dfrac{l^2\mathrm{d}w_0}{12}$；

β——正弦波纹形成的初始角度，β=arcos 2n；

n——振幅因子。

因此

$$U=\frac{1}{2}l^2\left[\frac{w}{3}+(G+w)\sin^2(\beta+\theta)\right]\dot{\theta}^2 \tag{6.39}$$

式中　w——$\frac{1}{4}$正弦波纹管的质量，$w=\frac{\pi\rho lhD}{2}$。

对 θ、$\dot{\theta}$ 和 t 求偏导，得

$$\frac{\partial U}{\partial\theta}=l^2(G+w)\sin(\beta+\theta)\cos(\beta+\theta)\dot{\theta}^2 \tag{6.40}$$

$$\frac{\mathrm{d}}{\mathrm{d}t}\left(\frac{\partial U}{\partial\dot{\theta}}\right)=l^2\left\{\left[\frac{w}{3}+(G+w)\sin^2(\beta+\theta)\right]\ddot{\theta}+2(G+w)\sin(\beta+\theta)\cos(\beta+\theta)\dot{\theta}^2\right\} \tag{6.41}$$

假设系统的虚拟位移为 $\delta\theta$，外力作用在系统上的虚功为$-4(M_1+M_2)\delta\theta$。因此，广义力为

$$Q=-4(M_1+M_2) \tag{6.42}$$

利用第二类拉格朗日方程，联立方程（6.40）～（6.42），可以得到系统的运动微分方程

$$\ddot{\theta}+\frac{l^2[(G+w)\sin(\beta+\theta)\cos(\beta+\theta)\dot{\theta}^2]+4(M_1+M_2)}{l^2\left[\frac{w}{3}+(G+w)\sin^2(\beta+\theta)\right]}=0 \tag{6.43}$$

此二阶微分方程的初始条件可由在冲击载荷下的拉格朗日方程得到，即

$$\Delta\left(\frac{\partial U}{\partial\dot{\theta}_0}\right)=\hat{I} \tag{6.44}$$

式中　$\frac{\partial U}{\partial\dot{\theta}_0}$——广义动量；

$\hat{I}$——广义冲量，满足$\hat{I}=GV$。

由于 M_1 和 M_2 是有限值，因此 $M_1=M_2=0$，方程（6.44）可表示为

$$l^2\left[\frac{w}{3}+(G+w)\sin^2(\beta+\theta_0)\right]\dot{\theta}_0=l\sin(\beta+\theta_0)I \tag{6.45}$$

因此，根据方程（6.45）得到 $t=0$ 时刻的初始角速度为

$$\dot{\theta}_0=\frac{GV\sin(\beta+\theta_0)}{l\left[\frac{w}{3}+(G+w)\sin^2(\beta+\theta_0)\right]} \tag{6.46}$$

将方程（6.46）代入方程（6.39），得到 $t=0$ 时刻的动能比为

$$\frac{U_1}{U_0}=\frac{1}{1+\frac{w}{G}\left[1+\frac{1}{3\sin^2(\beta+\theta_0)}\right]} \tag{6.47}$$

式中　U_1——碰撞后瞬间系统的初始动能；

U_0——冲击物的初始动能。

以上理论推导是基于 θ_0 远小于 β（$\theta_0 \ll \beta$）的假设，且

$$\sin\theta_0\approx\theta_0\text{，}\quad\cos\theta_0\approx 1 \tag{6.48}$$

将方程（6.48）代入方程（6.47），瞬间动能比为

$$\frac{U_1}{U_0}=\frac{1}{1+\frac{w}{G}\left[1+\frac{1}{3(\sqrt{1-4n^2}+2n\theta_0)^2}\right]} \tag{6.49}$$

瞬间能量由冲击物和波纹管的质量比 $\frac{w}{G}$、初始缺陷角度 θ_0 和振幅因子决定。系统的有效质量 w^* 为

$$w^*=w+\frac{w}{3(\sqrt{1-4n^2}+2n\theta_0)^2} \tag{6.50}$$

方程（6.50）中，右侧第一项和第二项分别代表波纹管的纵向惯性和横向惯性。波纹管的初始动能 U_2 为

$$U_2=\frac{wV^2\left[1+\frac{1}{3\sin^2(\beta+\theta_0)}\right]}{2\left\{1+\frac{w}{G}\left[1+\frac{1}{3\sin^2(\beta+\theta_0)}\right]\right\}^2}=\frac{V^2w^*}{2\left(1+\frac{w^*}{G}\right)^2} \tag{6.51}$$

当波纹管受到轴向冲击时，会发生轴向缩短并绕塑性铰快速旋转。方程（6.50）表明，当 θ_0 足够小时，横向惯性是主要影响因素。对于任意给定的一个完整折叠单元，外力所做的功被塑性铰线的塑性弯曲做的功和周向伸长做的功所耗散。外力所做的功等于冲击物的初始动能 U_0。根据系统的能量守恒，系统的能量平衡表达式为

$$U_0=U_r+U_2+E_b+E_m \tag{6.52}$$

式中　U_0——冲击物的初始动能（$0\leqslant t\leqslant t^*$）；

U_r——冲击物碰撞后的动能；

U_2——波纹管的初始动能；

E_b——波纹管在运动第二相（$t\geqslant t^*$）的塑性弯曲耗散能；

E_m——波纹管在运动第二相（$t\geqslant t^*$）的拉伸耗散能。

E_b、E_m 与波纹管在准静态下的能量耗散相同。$U_1=U_r+U_2$ 为系统在运动第一相（$0\leqslant t\leqslant t^*$）的初始动能。因此，波纹管的总能量为

$$E=U_2+E_b+E_m \tag{6.53}$$

6.4.2　平均冲击力和任意时刻的冲击力

随着动态屈曲过程的进行，进入动态响应的运动第二相（$t\geqslant t^*$），此时横向惯性效应会迅速减小，因此横向惯性效应可以忽略。波纹管一个完整折叠单元产生位移大变形［图 6.7（c）］，其变形机理与波纹管在准静态下的变形机理完全相同。施加在波纹管上的平均冲击力 P_m 在一个完整折叠循环中所做的功为 $W=P_m\cdot 2l\eta$。根据方程（6.53）可得

$$P_m\cdot 2l\eta=U_2+E_b+E_m \tag{6.54}$$

联立方程（6.17）、（6.24）、（6.51）、（6.54）和 $\frac{M_{\mathrm{p}}}{N_{\mathrm{p}}}=\frac{h}{4}$，得到平均冲击力为

$$\frac{P_{\mathrm{m}}(t)}{M_{\mathrm{p}}}=\frac{V^2 w^*(t^*)}{l\eta\sigma_0 h^2\left[1+\frac{w^*(t^*)}{G}\right]^2}+\frac{\pi D(\pi-2\arcsin 2n)}{l\eta}+\frac{4\pi l(1-2n)}{\eta h} \tag{6.55}$$

在方程（6.55）中，右侧第一项代表惯性项，后两项代表屈曲项。当动态屈曲退化为准静态屈曲（$V\to 0$）时，方程（6.55）退化为方程（6.27）。

类似的，令 $\xi=\cos\alpha-m+n$，$\psi=\frac{\sin\alpha}{\sqrt{1-\xi^2}}$ 和 $\chi=\frac{V_2 w^*}{\pi\sigma_0 h\left(\frac{1+w^*}{G}\right)^2}$，波纹管在第一阶段任意时刻的正则化冲击力 $\frac{P_{\mathrm{t}}}{P_{\mathrm{m}}}$ 可表示为

$$\frac{P_{\mathrm{t}}}{P_{\mathrm{m}}}=\frac{\eta\chi+2Dh\eta(1+\psi)+8l^2\eta\sin\alpha}{(\cos\alpha+\psi\xi)[\chi+Dh(\pi-2\arcsin 2n)+4l^2(1-2n)]} \tag{6.56}$$

同理，将方程（6.56）中的 ξ 替换为 $\xi'=\cos\alpha-1+m+n$，即可得到波纹管在第二阶段任意时刻的正则化压溃力 $\frac{P_{\mathrm{t}}}{P_{\mathrm{m}}}$。波纹管在轴向冲击下的正则化压溃力包含 3 项，即初始动能项（$0\leqslant t\leqslant t^*$）、弯曲耗散能项和拉伸耗散能项（$t\geqslant t^*$）。

6.5 结果与讨论

6.5.1 准静态载荷作用

由方程（6.31）可知，波纹管的平均压溃力与有效压缩距离因子 η 和振幅因子 n 有关。波纹管退化圆管后的平均压溃力的理论预测与前人的数值模拟和实验结果的对比如图 6.8 所示，显然，平均压溃力是随着径厚比 $\frac{D}{h}$ 的增加而增加的。如图 6.8（a）所示，Guillow 等得到的圆管实验结果介于本章理论预测（n=0）的上界解

（η=0.48）和下界解（η=0.70）之间。上界解考虑了材料的应变硬化效应，下界解不考虑材料的应变硬化效应。在图 6.8（b）中，Huang 和 Lu 得到的圆管的实验结果介于理论预测的精确解和上界解之间。对于方程（6.31）的结果有一定的适用范围。当 η=1 时，平均压溃力的准静态结果与 Alexander 的实验数据吻合，且平均压溃力的理论结果大于实验结果；当 η=0.70、η=0.75 时，平均压溃力的动态理论分析与 Huang 和 Lu 的实验结果及数值模拟结果吻合。Alexander 的实验数据忽略了材料的应变硬化效应，而 Huang 和 Lu 的实验结果考虑了材料的应变硬化效应。因此，该理论结果可以预测圆管在轴向载荷作用下发生轴对称圆环变形模态的结果。

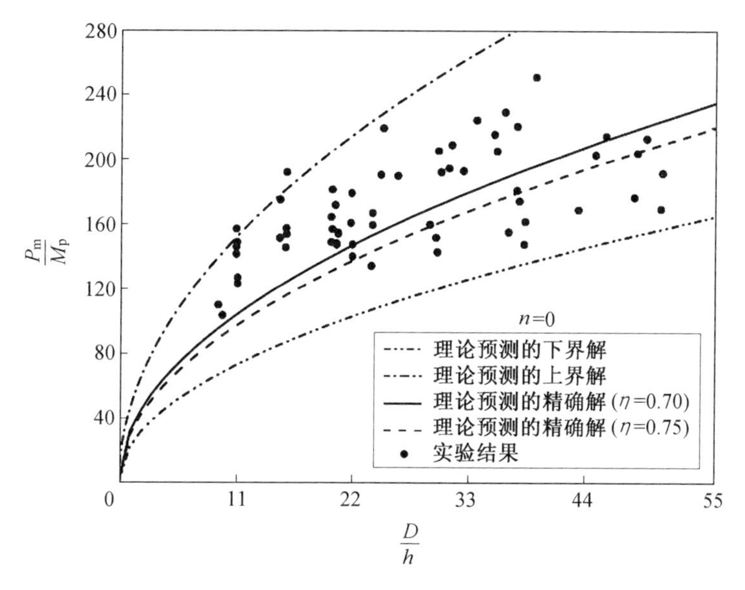

（a）平均压溃力的上界解、下界解和精确解

图 6.8　波纹管退化圆管后的平均压溃力的理论预测与前人的数值模拟和实验结果的对比（n=0）

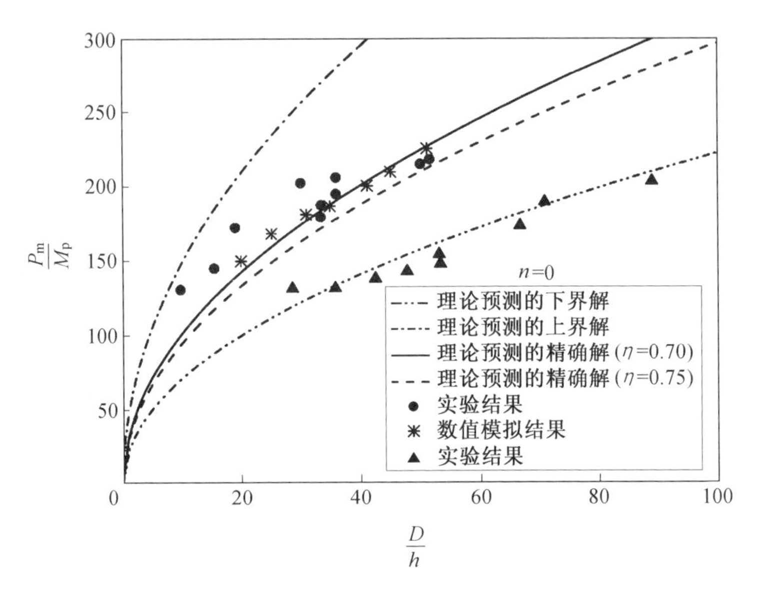

（b）与数值模拟和实验结果的对比

续图 6.8

波纹管在轴向载荷作用下的平均压溃力的理论预测与 Eyvazian 等考虑材料的应变硬化效应的实验结果对比见表 6.1。

表 6.1　波纹管在轴向载荷作用下的平均压溃力的理论预测与 Eyvazian 等考虑材料的应变硬化效应的实验结果对比

编号	$\frac{D}{h}$	a/mm	l/mm	$\frac{P_m}{M_p}$		误差/%
				实验	理论	
1	77.20	2.2	13.50	202.99	200.85	1.05
2	52.27	2.4	13.50	164.51	159.45	3.08
3	77.20	2.5	13.50	420.90	380.94	9.49
4	52.27	2.7	11.80	305.14	278.84	8.62
5	52.27	2.9	13.84	188.39	188.88	0.26

其中 1 号、2 号和 5 号试件为单波纹管，3 号和 4 号试件为双波纹管，由表 6.1 可以看出平均压溃力的实验结果与理论结果吻合，相对误差在 10%以内。此外，理论结果被略微低估，其原因是采用双线性各向同性硬化模型的假设低估了材料的实际强度。

平均压溃力的理论预测与有限元结果的对比如图 6.9 所示。

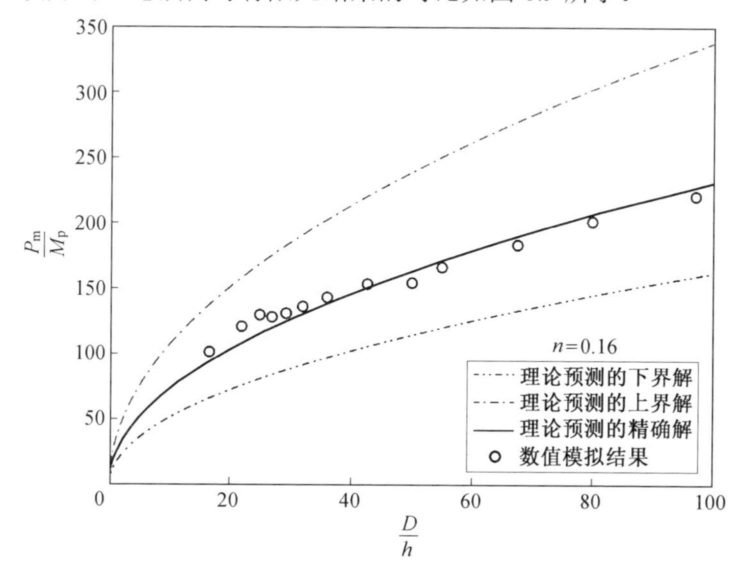

图 6.9 平均压溃力的理论预测与有限元结果的对比

本章也对波纹管在准静态载荷下的力学行为进行了有限元模拟，通过

$$P_m = \int_0^{\delta_t} P(\delta_t)\frac{d\delta}{\delta}$$

得到了波纹管的平均压溃力，其中 $P(\delta)$、δ_t 和 δ 分别为瞬时压溃力、相应的瞬时位移和总位移。由图 6.9 可知，平均压溃力的有限元结果介于理论结果的上界解和下界解之间，有限元结果与理论预测的精确解吻合。在较低的径厚比 $\frac{D}{h}$ 下，有限元结果与理论结果相差不大，因此理论模型可能忽略弯曲耗散能与拉伸耗散能之间的耦合效应。不同振幅 a 的波纹管在准静态载荷下的有限元屈曲模态（D=50 mm，h=0.5 mm，λ=18.58 mm）如图 6.10 所示。

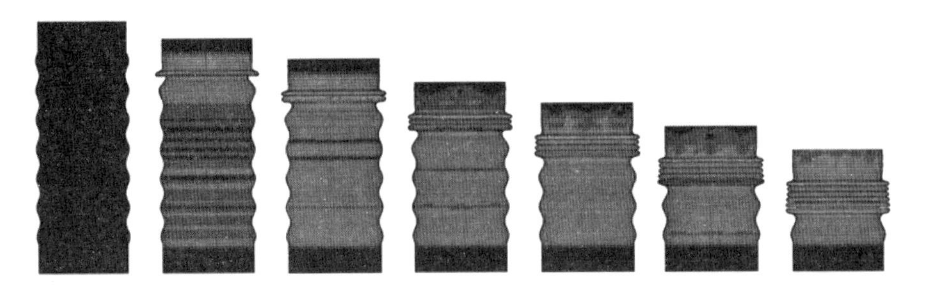

（a）a=1 mm

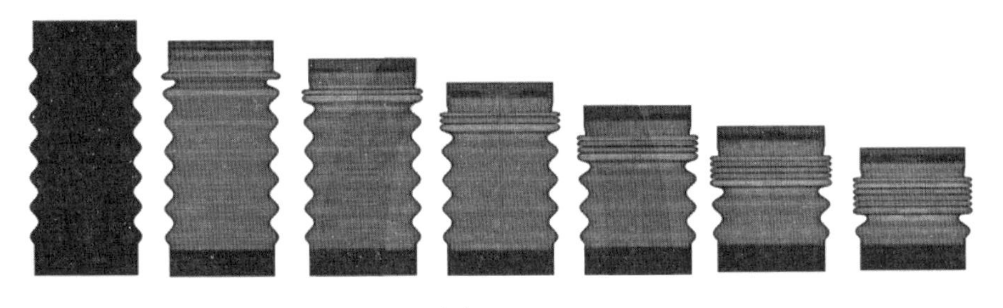

（b）a=2 mm

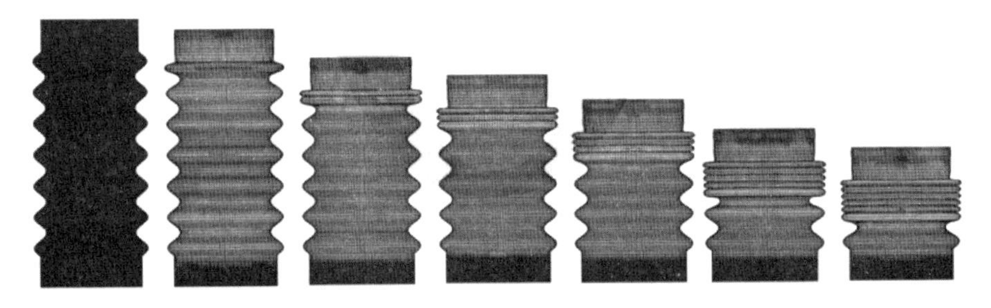

（c）a=3 mm

图 6.10　不同振幅 a 的波纹管在准静态载荷下的有限元屈曲模态

（D=50 mm，h=0.5 mm，λ=18.58 mm）

正则化压溃力的表达式由方程（6.36）给出，正则化压溃力取决于波纹管的几何性质和材料性质。正则化压溃力随着不同振幅 a、波长λ和振幅因子 n 的变化情况如图 6.11 所示。由图 6.11 可以看出，随着 n（n>0）的增大，正则化压溃力增大，而压缩距离减小。正则化压溃力随λ和 a 的增加而增加。随着压缩距离的减小，不同振幅因子变化的正则化压溃力逐渐收敛，图 6.11（a）～（c）的曲线显示了载荷一致性的特点，这体现了在轴向压缩下，波纹管的设计可以诱导其沿轴向产生轴对称模式，形成均匀的载荷-位移关系。正则化压溃力曲线的变化情况可由图 6.11（d）的曲线斜率表征。在圆管工况下的曲线斜率变化剧烈（n=0），而在波纹管工况下的曲线斜率变化平缓（n=0.3）。这表明波纹管在受到载荷时，可以减缓结构变形的过程。因此，波纹管在碰撞过程中具有吸能平稳性和可控性的优点，非常适合薄壁锂离子电池外壳结构设计。

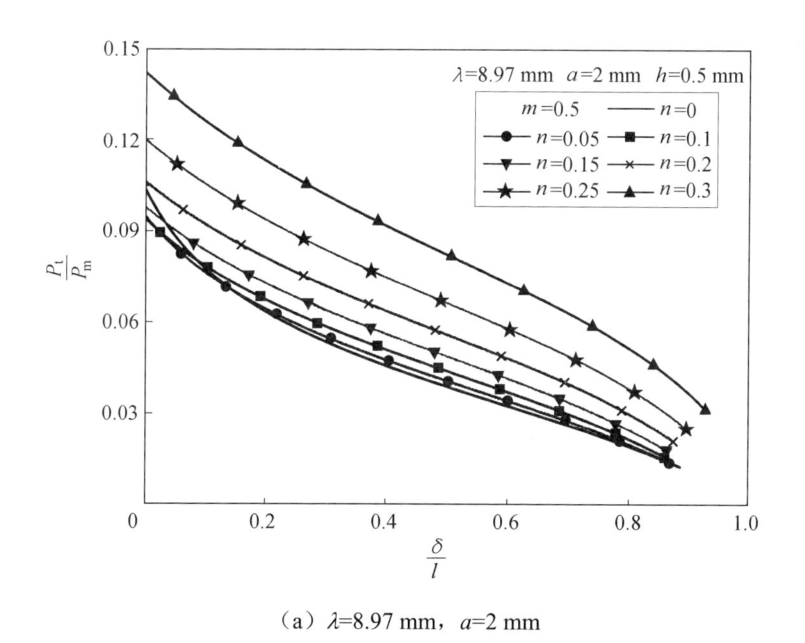

（a）λ=8.97 mm，a=2 mm

图 6.11　正则化压溃力随着不同振幅 a、波长λ和振幅因子 n 的变化情况

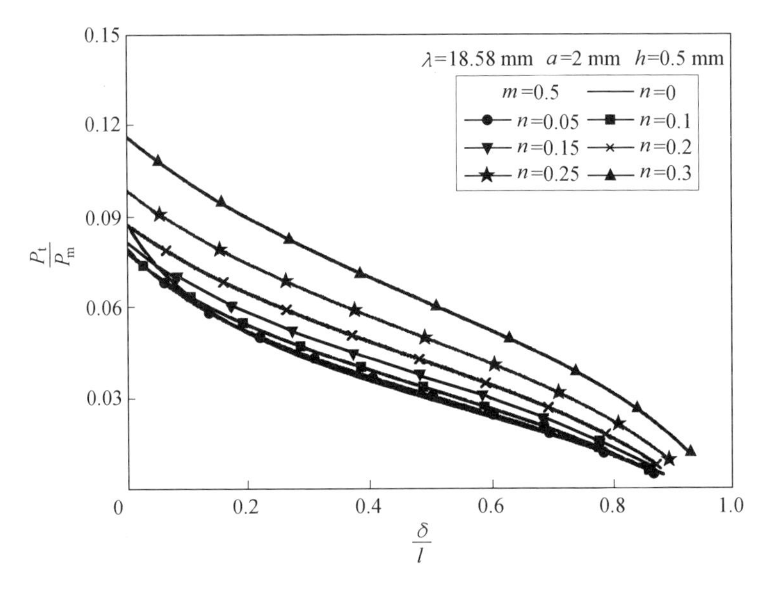

（b）λ=18.58 mm，a=2 mm

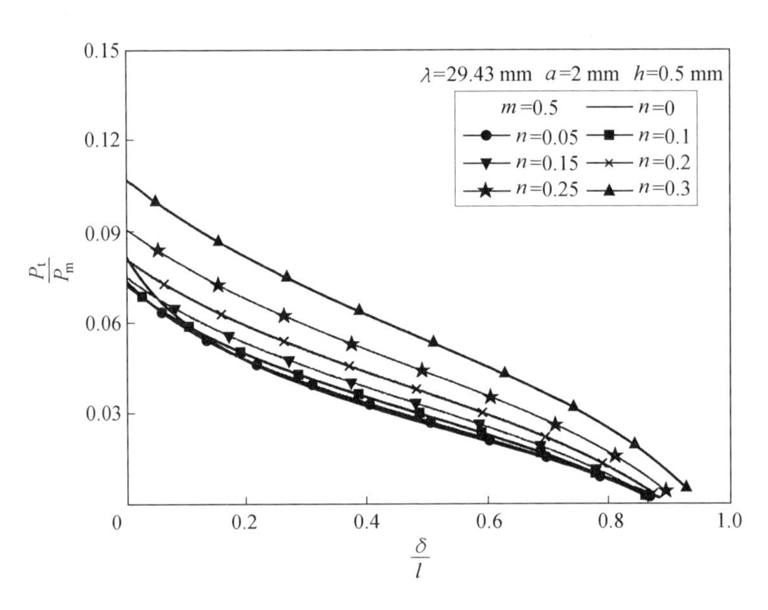

（c）λ=29.43 mm，a=2 mm

续图 6.11

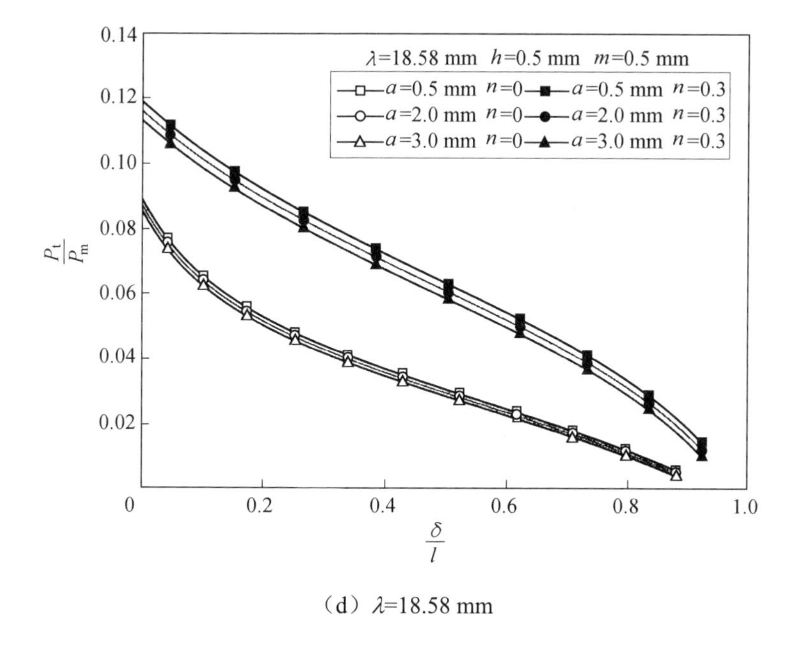

（d）λ=18.58 mm

续图 6.11

6. 5. 2　动态冲击载荷作用

Wierzbicki 等的理论结果表明，偏心因子 m 是任意且不确定的。圆管在一个完整折叠周期的第二阶段的临界向外折叠角α_0 和临界向内折叠角β_0 的理论结果与 Singace 等的实验结果对比见表 6.2。将 m=0.65 mm 的理论值代入方程[6.5（a）]、[6.6（a）]中得到临界向外折叠角α_0 和临界向内折叠角β_0 分别为 49.46° 和 69.51°，与实验结果吻合。

联立方程（6.2）、[6.5（b）]和方程[6.33（a）]，得到波纹管在运动第二相（$t \geqslant t^*$）第一阶段（Part Ⅰ）的总位移表达式为

$$\delta=\frac{\lambda^2+3\pi^2a^2}{2\sqrt{\lambda^2+4\pi^2a^2}}\left[1-(n+m)^2+\sqrt{1-4n^2}-\sin\alpha-\sqrt{1-(\cos\alpha-m+n)^2}\right] \tag{6.57}$$

表 6.2　圆管在一个完整折叠周期的第二阶段的临界向外折叠角 α_0 和临界向内折叠角 β_0 的理论结果与 Singace 等的实验结果对比（n=0）

	几何参数/mm			偏心因子 m		向外折叠角 α_0/（°）		向内折叠角 β_0/（°）		折叠长度 l/mm	
	D	L	h	实验	理论	实验	理论	实验	理论	实验	理论
铝合金	12.7	39.0	0.7	0.67	0.65	49.0	49.46	69.5	69.51	3.19	2.64
	24.5	102	1.0	0.63	0.65	50.0	49.46	69.5	69.51	3.75	4.39
	50.8	101	1.6	0.60	0.65	46.5	49.46	69.5	69.51	8.17	7.99
	101.5	203	3.6	0.59	0.65	46.0	49.46	70.0	69.51	17.0	16.94
黄铜	89	200	3.3	0.62	0.65	50.0	49.46	69.0	69.51	16.5	15.18
纯铜	29	51.0	1.6	0.64	0.65	50.0	49.46	70.5	69.51	5.1	6.09
	52.5	102.4	1.6	0.59	0.65	49.0	49.46	69.0	69.51	10.8	8.12
	51	102.3	3.0	0.61	0.65	50.0	49.46	70.3	69.51	12.2	10.96
低碳钢	52	102.5	1.5	0.60	0.65	50.0	49.46	70.0	69.51	7.50	7.82

注：所有的试样都产生的是轴对称渐进屈曲模态。

波纹管在冲击载荷下的总位移是关于几何参数（λ和 a）、折叠角α、振幅因子 n 和偏心因子 m 的函数，总位移随着λ和 a 的增加而增加（图 6.12）。在冲击过程中，根据定点旋转原理，波纹管中有些点向下移动（正位移），有些点向上移动（负位移）。也就是说，在塑性铰形成的过程中存在一个临界的折叠角。当 m=0.5 时，向内位移等于向外位移；当 m>0.5 时，向内位移小于向外位移，m=1 为临界情况；当 m<0.5 时，向内位移大于向外位移，m=0 为临界情况。当 n=0、m=0.5 时，临界的折叠角等于 0.85 rad[图 6.12（a）]；当 n=0.3 和 m=0.5 时，临界的折叠角等于 0.67 rad[图 6.12（b）]。临界的折叠角随着振幅因子 n 的增大而减小，向内位移随着偏心因子 m 的减小而增大，m=0 为临界情况，此时位移为正[图 6.12（c）]。然而，向外位移随着偏心因子 m 的减小而增大，m=1 为临界情况，此时位移为负[图 6.12（d）]。

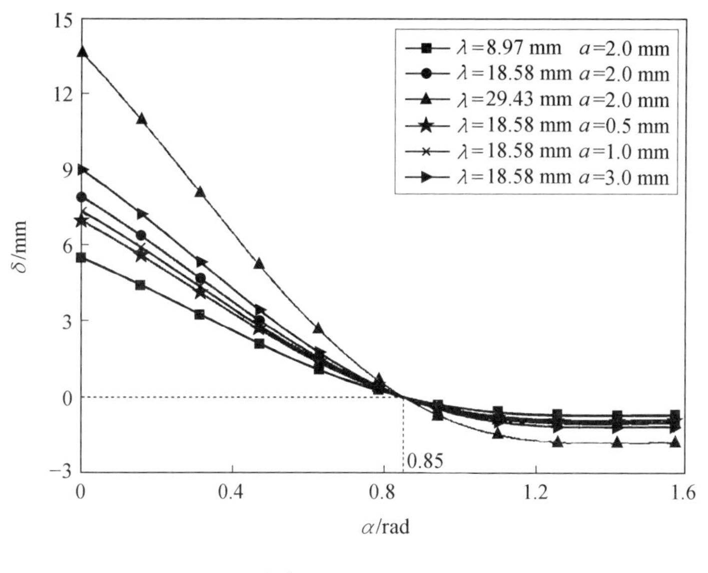

（a）n=0，m=0.5

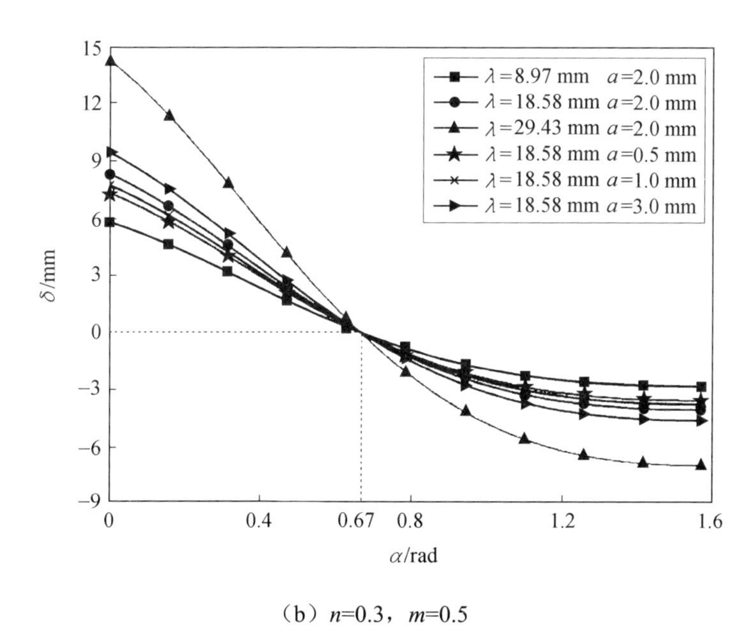

（b）n=0.3，m=0.5

图 6.12　波纹管在冲击载荷下在运动第二相（$t \geqslant t^*$）的第一阶段（Part Ⅰ）的总位移

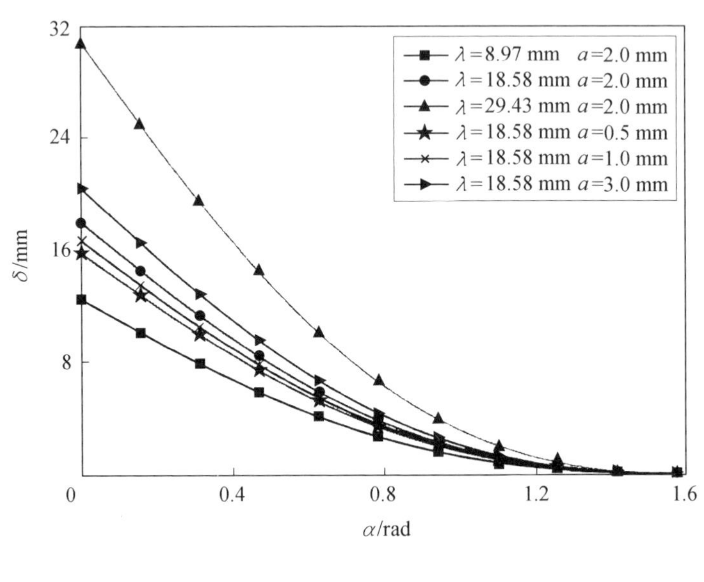

（c）n=0，m=0

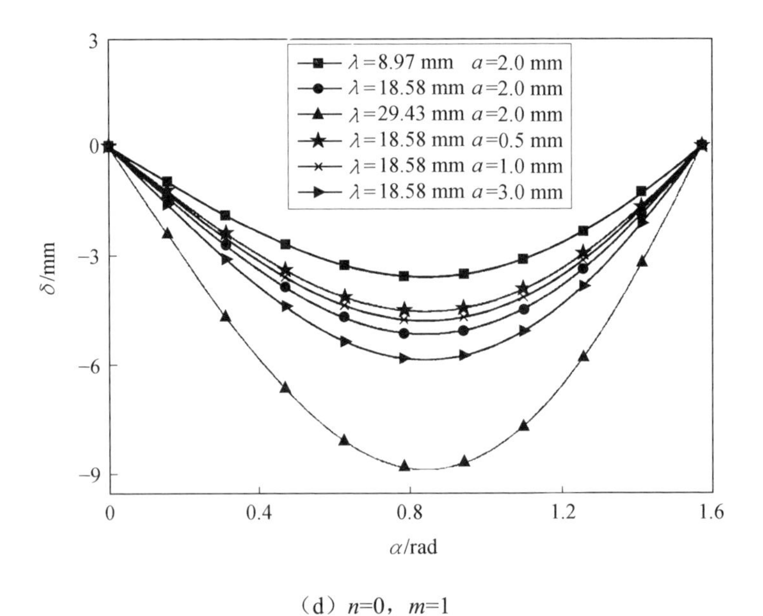

（d）n=0，m=1

续图 6.12

波纹管在冲击载荷下的正则化冲击力是关于几何参数（λ、a、D 和 h）、材料参数、质量 G 和 w、冲击速度 V、振幅因子 n 和偏心因子 m 的函数，其随波长λ、振幅 a 和振幅因子 n 的变化情况如图 6.13 所示。由图 6.13 可以看出，随着 n（n>0）的增大，初始冲击力增大，冲击位移减小。波纹管退化为圆管（n=0）是一种特殊情况。冲击力随着λ和 a 的增加而减小，随着 n 的增加而增加。图 6.13（a）～（c）的曲线显示了载荷一致性的特点。正则化冲击力曲线的变化情况可由图 6.13（d）的曲线斜率表征。在圆管工况下的曲线斜率变化剧烈（n=0），而在波纹管工况下的曲线斜率变化平缓（n=0.3）。这表明在圆管表面引入波纹形状可以大大降低冲击力，为薄壁锂离子电池外壳的结构设计提供了很好的参考。波纹管的平均冲击力的数值结果与理论结果（V=25 m/s，σ_0=106 MPa，G=64 kg，SE=80%）的对比见表 6.3，其中波纹管的行程效率（stroke efficiency，SE）是波纹管的压缩长度与总长度的比。结果表明，数值结果与理论预测结果吻合，相对误差小于 15%。

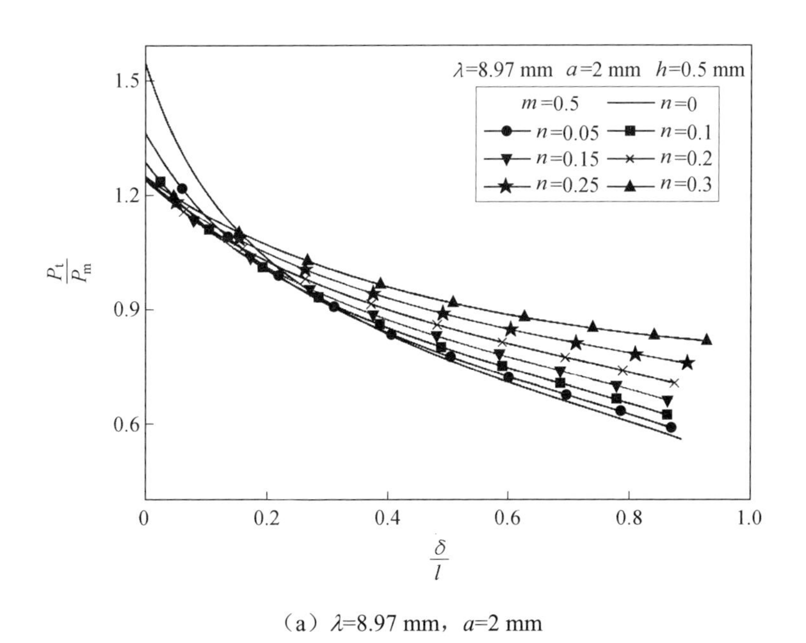

（a）λ=8.97 mm，a=2 mm

图 6.13　波纹管在冲击载荷下的正则化冲击力随波长λ、振幅 a 和振幅因子 n 的变化情况

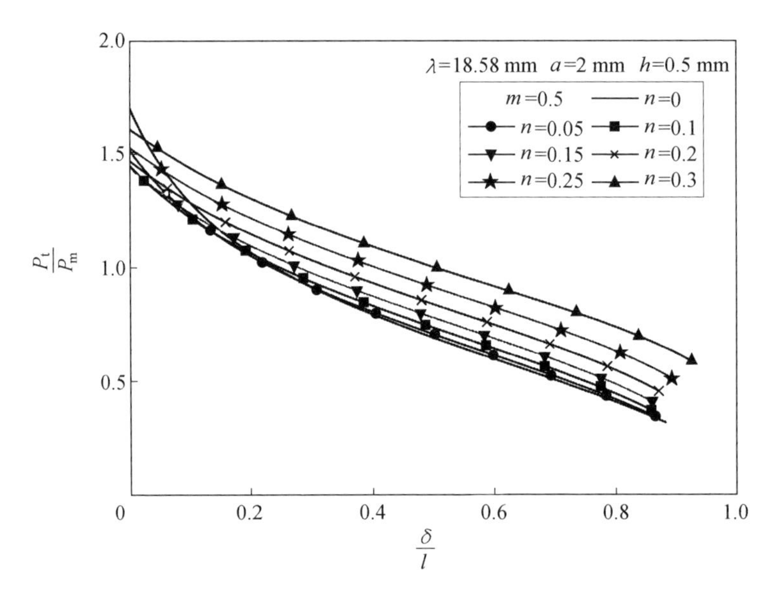

（b）λ=18.58 mm，a=2 mm

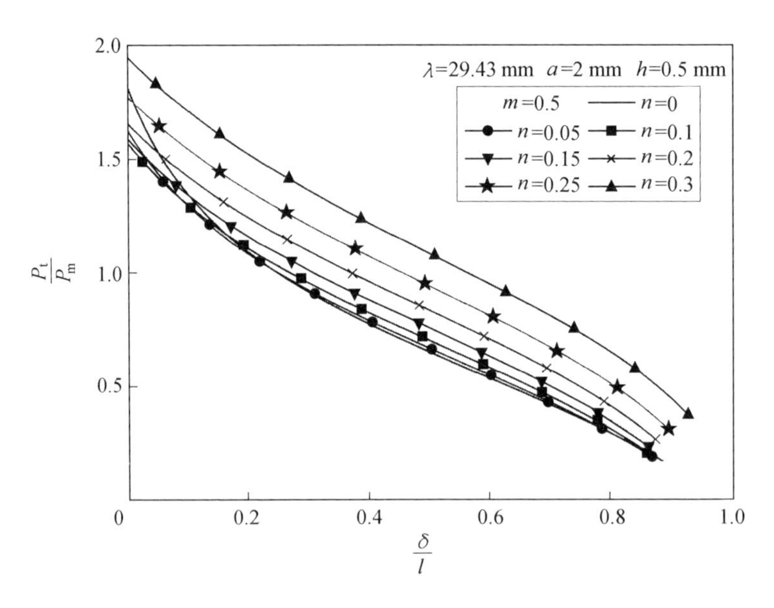

（c）λ=29.43 mm，a=2 mm

续图 6.13

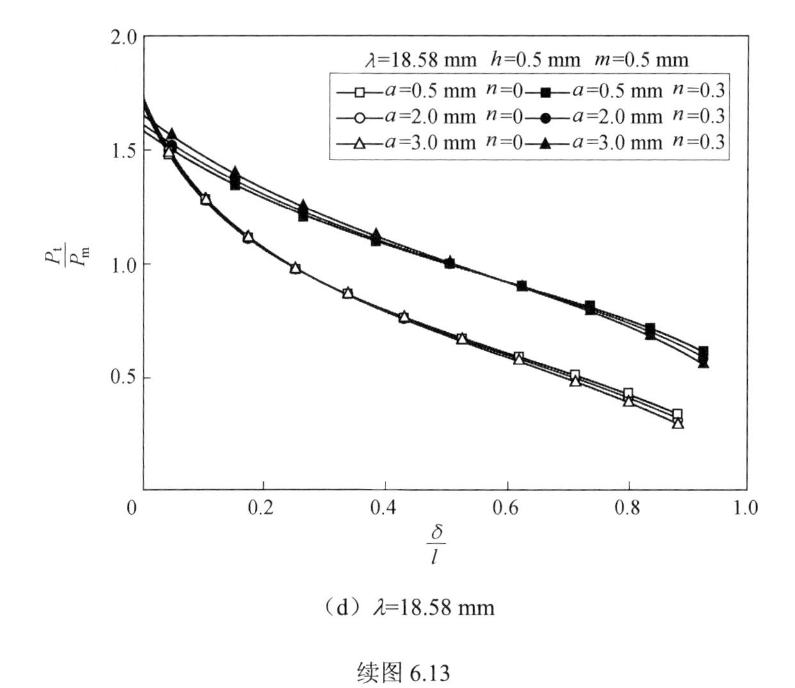

（d）λ=18.58 mm

续图 6.13

表 6.3　波纹管的平均冲击力的数值结果与理论结果的对比

编号	L/mm	D/mm	h/mm	a/mm	λ/mm	平均冲击力 P_m/kN		误差/%
						数值	理论	
1	134.8	50	0.5	2	8.97	1.29	1.49	13.4
2	134.8	50	0.5	2	18.58	1.36	1.41	3.5
3	134.8	50	0.5	2	29.43	1.87	2.01	7.0
4	134.8	50	0.5	0.5	18.58	1.76	1.93	8.8
5	134.8	50	0.5	1	18.58	1.52	1.63	6.7
6	134.8	50	0.5	3	18.58	1.31	1.34	2.2

不同径厚比$\frac{D}{2t}$的波纹管在轴向冲击作用下的屈曲模态（λ=18.58 mm，a=2 mm，V=25 m/s）如图 6.14 所示。根据屈曲产生的随机性，可将屈曲模态分为动态渐进屈曲模态[图 6.14（a）]、动态塑性屈曲模态[图 6.14（b）]和混合模态 [图 6.14（c）]。当$\frac{D}{2t}=50$时，动态渐进屈曲的褶皱从上到下依次生成，最终生成 7 个褶皱。冲击区开始出现在冲击端。第一个褶皱在波纹管顶部被充分压缩，且向内/向外的应力和位移达到最大。第二个褶皱发生在第一次褶皱致密化之后。类似的，第 N−1 个褶皱致密化后才会产生第 N 个褶皱，这种现象称为动态渐进屈曲。当$\frac{D}{2t}=8.33$时，动态塑性屈曲的褶皱同时产生，褶皱位移同时向内/向外移动，塑性铰在整个波纹管的波峰和波谷处同时产生。Jones 和 Liu 等对动态塑性屈曲模态进行了研究。当$\frac{D}{2t}=12.5$时，波纹管产生混合模态，即首先产生动态渐进屈曲模态，然后沿整个管壁产生动态塑性屈曲模态。

波纹管一个完整折叠单元的总能量是运动第一相的初始动能（$0 \leqslant t \leqslant t^*$）、运动第二相的塑性弯曲耗散能和拉伸耗散能（$t \geqslant t^*$）的和。联立方程（6.2）、（6.17）、（6.24）、（6.51）和方程（6.53），可得

$$E=\frac{V^2 w^*}{2\left(1+\frac{w^*}{G}\right)^2}+\frac{\pi D\sigma_0 h^2}{2}(\pi-2\arcsin 2n)+\frac{(\lambda^2+3\pi^2 a^2)^2\pi\sigma_0 h}{2(\lambda^2+4\pi^2 a^2)}(1-2n) \quad (6.58)$$

波纹管一个完整折叠单元的总能量是 V、w、G、a、λ 和 n 的函数（图 6.15）。一个完整折叠单元的总能量随着λ和 a 的增加而增加，随着 n 的增加而减小，且与 m 无关。振幅因子 n 随着波长λ和振幅 a 的变化而变化。根据数值模拟结果得到一个完整折叠单元的总能量为 63 J。

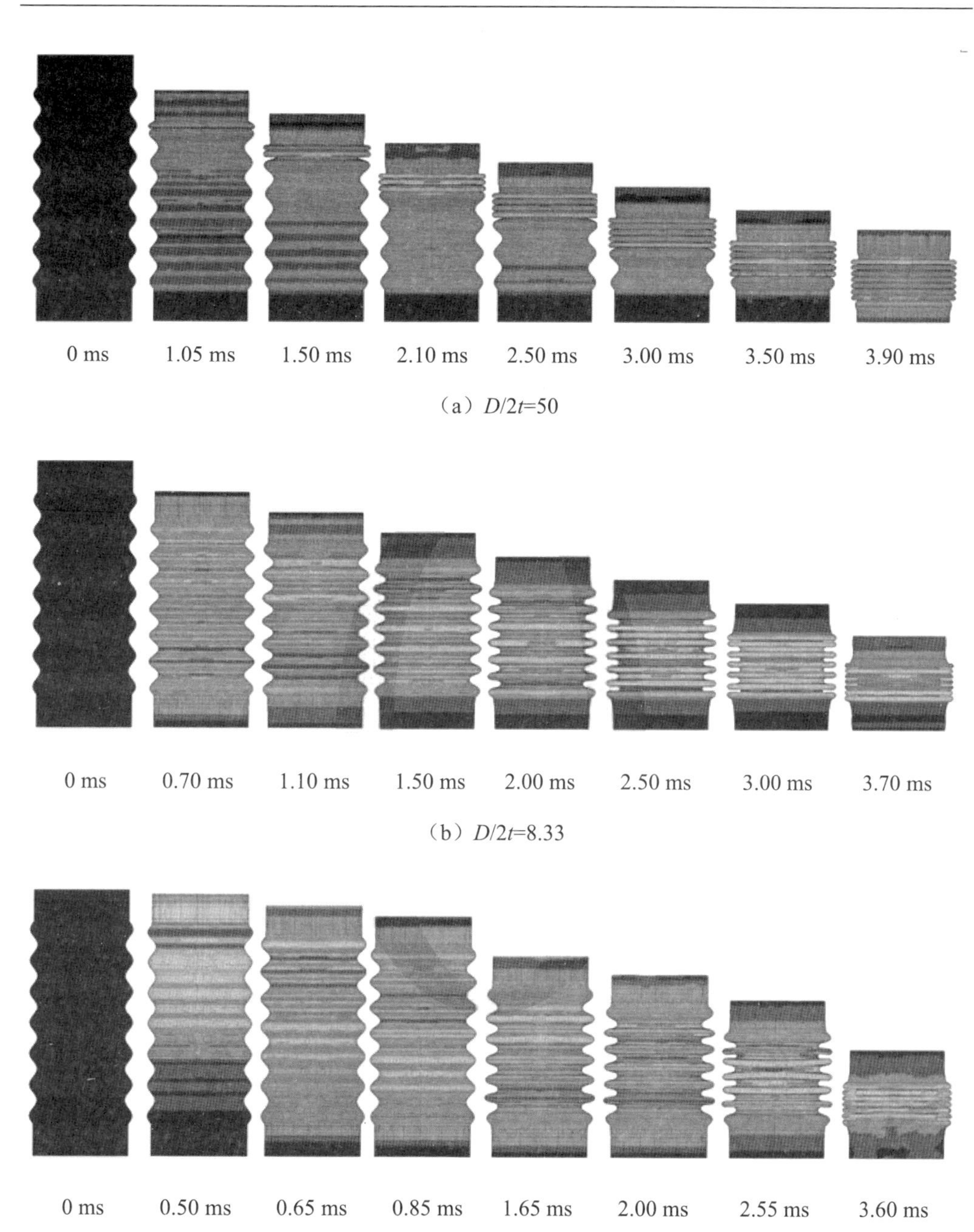

图 6.14　不同径厚比 $D/2t$ 的波纹管在轴向冲击作用下的屈曲模态（λ=18. 58 mm，a=2 mm，V=25 m/s）

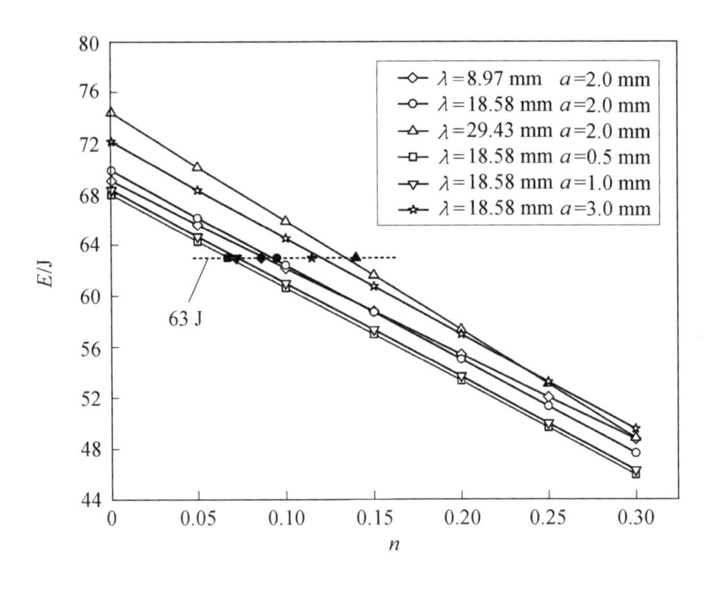

图 6.15　波纹管一个完整折叠单元的总能量随波长λ、振幅 a 和振幅因子 n 的变化情况

6.6 本章小结

本章通过波纹形单电池和电池模组之间的波纹管缓冲吸能元件来研究电池外壳在准静态载荷下及冲击载荷下的抗载荷能力与能量吸收性能。通过在理论模型中引入偏心因子和振幅因子并考虑材料的应变强化效应，建立波纹管在准静态载荷下和冲击载荷下的塑性渐进屈曲理论模型，明确了波纹管产生渐进屈曲的机理，推导出波纹管在准静态载荷下（平均压溃力、正则化压溃力）和冲击载荷下（平均冲击力、正则化冲击力）的理论解，并得到了理论解的上界解、下界解和精确解。通过将理论结果与实验结果和数值模拟结果进行对比来验证理论结果的精确性。此外，对理论结果进行参数化研究，结果表明，波纹管在受到准静态载荷和冲击载荷时，可以减缓结构变形的过程，通过该理论结果可以预测波纹结构在轴向载荷下的平均压溃载荷和能量吸收性能。该理论模型能够为薄壁锂离子单电池外壳和电池模组在轴向压缩下的吸能平稳性、变形可控性的结构设计提供参考。

第7章　总结和工作展望

7.1　总　　结

锂离子电池作为新型的能源存储蓄电池，具有高能量密度、高输出效率和高充放电效率等优点，对优化能源结构、提高能源效率、平衡经济和环境之间的关系具有重要意义。但目前锂离子电池及其组件在外载荷作用下面临着严重的机械安全性问题，该问题影响到锂离子电池的耐久性、稳定性及商业化进程。因此，有必要对锂离子电池及其组件的机械安全性问题进行研究。为此，本书通过对锂离子电池及其组件在外载荷作用下的机械安全性进行研究，提出减小电池内部短路、提高电池抗外载荷能力的方法。本书通过理论推导、数值模拟和实验研究的方法，主要研究了以下内容：

（1）由于不同形函数建立的理论模型对表征锂离子聚合物电池的抗外载荷能力和触发内部短路有所不同，因此需要对不同变形形函数的抗外载荷能力进行研究。本书基于电芯均质、各向同性、连续性假设和能量守恒原理，建立了含有不同形函数的理论模型，来研究引发锂离子聚合物电池内部短路的力学行为，得到局部凹陷力、压缩位移和变形区域之间的理论表达式。基于正弦、余弦和二次形函数的理论结果与前人的实验结果吻合。增加电芯的压缩屈服应力和压头半径以及减少铝塑外壳的流动应力和厚度都可以避免触发锂离子聚合物电池的内部短路。当压头半径趋于无穷大时，凹陷载荷退化为平头压缩，而平头压缩情况下电池内部短路很难触发。此外，不同形函数的应用范围也不同，并且其与电池的材料性能（电芯的压缩屈服应力和铝塑外壳的流动应力）和几何结构（铝塑外壳的厚度和压头半径）密切相关。

（2）基于电极材料为均质、各向同性材料的假设，通过带有正弦曲线的位移场模型得到了锂离子聚合物电池在球形压头载荷下凹陷力与压缩位移之间的理论解析解，来表征含有不同正极材料电池的抗外载荷和触发内部短路能力。研究得出影响抗外载荷能力的主要因素是变形区域和压缩位移，并讨论了压缩位移和变形区域对凹陷力的影响。此外，从力学的角度来看，当采用 $LiMnNiCoO_2$ 而不是 $LiCoO_2$ 和纳米磷酸盐作为正极材料时，锂离子聚合物电池在相同压头半径加载下具有更好的抗外载荷性能。进一步，确定了触发电池内部短路的正则化变形区域的范围。根据能量守恒定律，当正则化变形区域为 $\bar{\lambda} \geqslant 0.4$、塑性应变能比为 $\alpha \geqslant 1.5$ 时，锂离子聚合物电池更容易引起电池的力学失效和触发内部短路。

（3）通过对不同的锂离子电池隔膜的力学测试，得到了锂离子电池隔膜在不同应变率下的变形和微屈曲行为。隔膜的应力-应变曲线分 5 个阶段：弹性阶段、非线性弹性阶段、屈服阶段、冷拔阶段和失效阶段。与沿 DD 和 TD 方向拉伸的隔膜相比，沿 MD 方向拉伸的隔膜具有较高的强度和较低的韧性。此外，从实验结果和有限元结果都观察到沿 DD 方向拉伸的隔膜产生网格旋转的现象。随着应变率的增大，弹性模量和屈服应力增大，而失效应变减小。在冷拔阶段，沿 MD 方向拉伸的隔膜表现出应变中性，而沿 DD 和 TD 方向拉伸的隔膜表现出应变硬化。基于大变形行为，通过引入应变率强化系数和柔度系数，建立电池隔膜计及应变率效应的本构关系和微屈曲模型，并讨论了应变率强化系数和柔度系数对电池隔膜力学性能的影响。

（4）采用浸泡法将聚多巴胺纳米颗粒均匀沉积在锂离子电池聚烯烃隔膜上，来提高隔膜的离子电导率，增强隔膜与电解液之间的润湿效果，从而提高电池的电化学性能和力学性能。热重法和差示扫描量热法测试结果表明，聚多巴胺粒子改性方法提高了隔膜的热稳定性。聚多巴胺改性粒子还可以降低隔膜的结晶度，增加无定形晶体的比例，提高电解液的吸收性能，从而有利于提高隔膜的离子电导率。此外，隔膜吸液率测试结果表明，聚多巴胺改性隔膜具有良好的亲液表面且与电解液有很好的相容性，所以改性隔膜提高了对电解液的吸收能力。本书通过组装 CR2025 纽扣式半电池对聚多巴胺改性隔膜的电化学性能进行了测试，在不同充放电倍率下，聚多巴胺改性隔膜具有很好的电压平台和充放电容量。聚多巴胺改性 PP 隔膜的离子电导率可以达到κ=0.21 ms/cm，这是原始 PP 隔膜（κ=0.14 ms/cm）的 1.5 倍；聚多巴胺改性 PP/PE/PP 隔膜的离子电导率（κ=2.69 ms/cm）是原始 PP/PE/PP 隔膜（κ=0.44 ms/cm）的 6.1 倍。由于聚多巴胺改性方法增加了晶片和纤维强度，因此 PP 隔膜沿 TD、MD 和 DD 方向在不同应变率下的屈服应力、失效应力、失效应变分别增加了 17.48 %～100.11 %、13.45 %～82.71 %、4.08 %～303.13 %；而 PP/PE/PP 隔膜沿 TD、MD 和 DD 方向在不同应变率下的屈服应力、失效应力、失效应变分别增加了 11.77 %～296.00 %、12.50 %～248.30 %、16.53 %～32.56 %。

（5）为了研究锂离子单电池外壳和连接电池模组的波纹管元件的缓冲吸能能力，通过在电池外壳结构表面引入正弦波纹来研究结构在准静态和动态载荷作用下的抗载荷能力与能量吸收性能。通过在理论模型中引入偏心因子和振幅因子并考虑材料的应变强化效应，建立波纹管分别在准静态和冲击载荷下的塑性渐进屈曲理论模型，明确了波纹管产生渐进屈曲的机理，推导出波纹外壳在准静态载荷下（平均压溃力、正则化压溃力）和冲击载荷下（平均冲击力、正则化冲击力）的理论解析解，并得到了理论解析解的上界解、下界解和精确解。然后通过将理论结果与实验结果和数值模拟结果进行对比来验证理论结果的精确性。此外，对理论结果进行参数化研究，结果表明，波纹外壳在受到准静态和冲击载荷时，可以减缓结构变形的过程，通过该理论结果可以预测波纹结构在轴向载荷下的平均压溃载荷和能量吸收性能。

7.2 工作展望

本书从力学角度出发，对锂离子电池及其组件在外载荷作用下的机械安全性问题进行了研究，提出了减少电池内部短路、提高电池抗外载荷能力的方法。该研究能够为保证锂离子电池的力学稳定性提供参考，但是很多方面还未能够进一步开展研究，具体体现在以下几个方面：

（1）锂离子电池的力学性能是与电化学性能密切相关的，从力学角度对电池的结构优化必然会引起电池电化学性能的改变。因此，需要研究锂离子电池在外载荷作用下电极与隔膜之间相互作用对电池的力学性能和电化学性能耦合的影响，尽可能使电池在保证力学稳定性的前提下，提高电化学性能，即提出同时考虑锂离子电池抗外载荷能力和电化学性能的优化方案。

（2）锂离子电池在工作过程中，会涉及力学、电能、热能和化学之间相互耦合作用，而锂离子电池在外载荷作用下的力学行为必然会受到电能、热能和化学能等的影响。因此，为了全面考察锂离子电池在外载荷作用下的抗外载荷能力的理论模型，可以将惯性效应、应变率效应、荷电状态效应和生长应力等影响因素考虑在内，通过相应的动态加载实验和理论分析，提出锂离子电池的力-电-热-化耦合的本构模型，通过参数化研究全面揭示影响锂离子电池结构完整性的重要因素。

（3）锂离子电池在工作过程中，在阳极-隔膜界面、阴极-隔膜界面及电极内部都有可能出现裂纹，且电极内部的裂纹会朝界面方向扩展，所以可以考虑在阳极-隔膜界面和阴极-隔膜界面存在裂纹时，其对锂离子电池的力学稳定性的影响。此外，电极内部裂纹的产生和扩展对电池的电化学性能造成的影响也值得进一步研究。

（4）建立改性隔膜的抗外载荷能力的理论模型，继续深入地对功能改性隔膜（陶瓷隔膜、聚烯烃隔膜、多巴胺改性隔膜等）的孔隙结构、机械性能、阻燃性能、吸液性能、电化学充放电性能进行实验研究，揭示改性隔膜的不同参数对电池电化学性能和力学性能的影响。也可以通过不同改性方法对不同隔膜进行电化学性能和力学性能测试，对比多种改性隔膜得到性能最优的电池隔膜，为未来锂离子电池隔膜的商业化选用提供参考。

（5）本书的理论结果表明，波纹形单电池外壳和连接电池模组的波纹管元件具有优秀的抗外载荷能力。在下一步的研究中，可以考虑通过实验方法制备相应的波纹形单电池和电池模组，通过一定的静态和动态实验手段来测试波纹形单电池和电池系统的抗外载荷能力，并将理论结果和数值模拟结果与实验结果进行对比，来完善波纹形结构在电池系统中的应用能力。随后，在此研究方法的基础上继续探寻更多的能显著提高锂离子电池系统的抗外载荷能力和电化学性能的异形结构，为设计新型锂离子单电池及电池系统提供一定的参考。

参考文献

[1] BAGOTSKY V S, SKUNDIN A M, VOLFKOVICH Y M. Electrochemical power sources: batteries, fuel cells, and supercapacitors [M]. New Jersey: John Wiley & Sons Inc, 2015.

[2] KURZWEIL P. Gaston Planté and his invention of the lead-acid battery-the genesis of the first practical rechargeable battery [J]. Journal of Power Sources, 2010, 195(14): 4424-4434.

[3] BULLOCK K R. Lead acid battery systems and technology for sustainable energy [C]// MEYERS R A. Encyclopedia of sustainability science and technology. New York: Springer, 2012: 15-29.

[4] VARELA F E, CODARO E N, VILCHE J R. Reaction and system modelling for Pb and PbO_2 electrodes [J]. Journal of Applied Electrochemistry, 1997, 27: 1232-1244.

[5] BAGOTSKY V S. Fuel cells, batteries, and the development of electrochemistry [J]. Journal of Solid State Electrochemistry, 2011, 15: 1559-1562.

[6] BAGOTSKY V S, SKUNDIN A M, VOLFKOVICH Y M. Electrochemical power sources: batteries, fuel cells, and supercapacitors [M]. Hoboken, New Jersey: Wiley, 2014.

[7] SCROSATI B. History of lithium batteries [J]. Journal of Solid State Electrochemistry, 2011, 15: 1623-1630.

[8] EDISON T A. Reversible galvanic battery: USA, US-678722-A [P]. 1901-07-16.

[9] KARPINSKI A P, MAKOVETSKI B, RUSSELL S J, et al. Silver-zinc: status of technology and applications [J]. Journal of Power Sources, 1999, 80(1-2): 53-60.

[10] BACON F T. The high pressure hydrogen-oxygen fuel cell [J]. Industrial & Engineering Chemistry, 1960, 52(4): 301-303.

[11] BAGOTSKY V S. Fundamentals of electrochemistry [M]. New Jersey: John Wiley & Sons, Inc., 2006.

[12] BURBANK J. The anodic oxides of lead [J]. Journal of the Electrochemical Society, 1959, 106(5): 369-376.

[13] GREATBATCH W. The making of the pacemaker: celebrating a lifesaving invention [M]. Amherst: Prometheus Books, 2000.

[14] HAO W Q, XIE J M. Reducing diffusion-induced stress of bilayer electrode system by introducing pre-strain in lithium-ion battery [J]. Journal of Electrochemical Energy Conversion and Storage, 2021, 18(2): 020909.

[15] XIE J M, WEI X Y, BO X Q, et al. State of charge estimation of lithium-ion battery based on extended Kalman filter algorithm [J]. Frontiers in Energy Research, 2023, 11: 1180881.

[16] BRODD R J, BULLOCK K R, LEISING R A, et al. Batteries, 1977 to 2002 [J]. Journal of the Electrochemical Society, 2004, 151(3): K1-K11.

[17] WHITTINGHAM M S. Electrical energy storage and intercalation chemistry [J]. Science, 1976, 192(4244): 1126-1127.

[18] WHITTINGHAM M S. History, evolution, and future status of energy storage [J]. Proceedings of the IEEE, 2012, 100: 1518-1534.

[19] GOODENOUGH J B, MIZUSHIMA K. Fast ion conductors: USA, US4357215 [P]. 1982-02-11.

[20] MIZUSHIMA K, JONES P C, WISEMAN P, et al. Li_xCoO_2 $(0<x<-1)$: a new cathode material for batteries of high energy density [J]. Materials Research Bulletin, 1980, 15(6): 783-789.

[21] RAMSTRÖM O. Scientifc background on the nobel prize in chemistry 2019:

Lithium-ionbatteries [R]. Sweden: The Royal Swedish Academy of Sciences, 2019: 1-13.

[22] KEZUKA K, HATAZAWA T, NAKAJIMA K. The status of Sony Li-ion polymer battery [J]. Journal of Power Sources, 2001, 97-98: 755-757.

[23] CHOA J, THACKERAY M M. Structural changes of $LiMn_2O_4$ spinel electrodes during electrochemical cycling [J]. Journal of the Electrochemical Society, 1999, 146(10): 3577-3581.

[24] BRUCE P G, SCROSATI B, TARASCON J M. Nanomaterials for rechargeable lithium batteries [J]. Angewandte Chemie International Edition, 2008, 47: 2930-2946.

[25] IMANISHI N, LUNTZ A C, BRUCE P. The lithium air battery: fundamentals [M]. New York: Springer, 2014.

[26] SONG M K, CAIRNS E J, ZHANG Y. Lithium/sulfur batteries with high specifc energy: old challenges and new opportunities [J]. Nanoscale, 2013, 5: 2186-2204.

[27] YAN M, WANG W P, YIN Y X, et al. Interfacial design for lithium-sulfur batteries: From liquid to solid [J]. EnergyChem, 2019, 1(1): 100002.

[28] 崔光磊. 动力锂电池中聚合物关键材料[M]. 北京：科学出版社, 2018.

[29] SCHALKWIJK W A, SCROSATI B. Advances in lithium-ion batteries [M]. New York: Springer, 2002.

[30] AURBACH D. Nonaqueous electrochemistry [M]. Boca Raton: CRC Press, 1999.

[31] 吴宇平, 戴晓兵, 马军旗, 等. 锂离子电池: 应用与实践[M]. 北京：化学工业出版社, 2004.

[32] WHITTINGHAM M S. Chemistry of intercalation compounds: metal guests in chalcogenide hosts [J]. Progress in Solid State Chemistry, 1978, 12(1): 41-99.

[33] LAZZARI M, SCROSATI B. A cyclable lithium organic electrolyte cell based on two intercalation electrodes [J]. Journal of the Electrochemical Society, 1980, 127(3):

773-774.

[34] MIZUSHIMA K, JONES P C, WISEMAN P J, et al. Li_xCoO_2 ($0<x\leqslant1$): a new cathode material for batteries of high energy density[J]. Solid State Ionics, 1981, 3-4: 171-174.

[35] AUBORN J J, BARBERIO Y L. Lithium intercalation cells without metallic lithium $MoO_2/LiCoO_2$ and $WO_2/LiCoO_2$ [J]. Journal of the Electrochemical Society, 1987, 134(3): 638-641.

[36] FONG R, SACKEN U V, DAHN J R. Studies of lithium intercalation into carbons using nanoqueous electrochemical cells[J]. Journal of the Electrochemical Society, 1990, 137(7): 2009-2013.

[37] TATSUMI K, IWASHITA N, SAKAEBE H, et al. The influence of the graphitic structure on the electrochemical characteristics for the anode of secondary lithium batteries [J]. Journal of the Electrochemical Society, 1995, 142(3): 716-720.

[38] PADHI A K, NANJUNDASWAMY K S, GOODENOUGH J B. Phospho-olivines as positive-electrode materials for rechargeable lithium batteries [J]. Journal of the Electrochemical Society, 1997, 144(4): 1188-1194.

[39] ZHANG S L, ZHAO K J, ZHU T, et al. Electrochemomechanical degradation of high-capacity battery electrode materials [J]. Progress in Materials Science, 2017, 89: 479-521.

[40] KIM J M, KIM J A, KIM S H, et al. All-nanomat lithium-ion batteries: a new cell architecture platform for ultrahigh energy density and mechanical flexibility [J]. Advanced Energy Materials, 2017, 7(22): 1701099(1-12).

[41] JUNG Y S, CAVANAGH A S, RILEY L A, et al. Ultrathin direct atomic layer deposition on composite electrodes for highly durable and safe li-ion batteries [J]. Advanced Materials, 2010, 22(19): 2172-2176.

[42] ZHANG X W, WIERZBICKI T. Characterization of plasticity and fracture of shell

casing of lithium-ion cylindrical battery [J]. Journal of Power Sources, 2015, 280: 47-56.

[43] KUMAR A, KALNAUS S, SIMUNOVIC S, et al. Communication—Indentation of li-ion pouch cell: effect of material homogenization on prediction of internal short circuit [J]. Journal of the Electrochemical Society, 2016, 163(10): A2494-A2496.

[44] ALI M Y, LAI W J, PAN J. Computational models for simulation of a lithium-ion battery module specimen under punch indentation [J]. Journal of Power Sources, 2015, 273: 448-459.

[45] ZHANG C, XU J, CAO L, et al. Constitutive behavior and progressive mechanical failure of electrodes in lithium-ion batteries [J]. Journal of Power Sources, 2017, 357: 126-137.

[46] XIA Y, CHEN G H, ZHOU Q, et al. Failure behaviours of 100% SOC lithium-ion battery modules under different impact loading conditions [J]. Engineering Failure Analysis, 2017, 82: 149-160.

[47] XIA Y, WIERZBICKI T, SAHRAEI E, et al. Damage of cells and battery packs due to ground impact [J]. Journal of Power Sources, 2014, 267: 78-97.

[48] KIM T, LEYDEN M R, ONO L K, et al. Stacked-graphene layers as engineered solid-electrolyte interphase (SEI) grown by chemical vapour deposition for lithium-ion batteries [J]. Carbon, 2018, 132: 678-690.

[49] ABADA S, MARLAIR G, LECOCQ A, et al. Safety focused modeling of lithium-ion batteries: A review [J]. Journal of Power Sources, 2016, 306: 178-192.

[50] WANG Q S, PING P, ZHAO X J, et al. Thermal runaway caused fire and explosion of lithium ion battery [J]. Journal of Power Sources, 2012, 208: 210-224.

[51] BEAUREGARD G P. Report of investigation: hybrids plus plug in hybrid electric vehicle [R]. Phoenix: ETEC, 2008.

[52] FENG X N, OUYANG M, LIU X, et al. Thermal runaway mechanism of lithium ion

battery for electric vehicles: a review [J]. Energy Storage Materials, 2018, 10: 246-267.

[53] HART C A, SUMWALT R L, ROSEKIND M R, et al. Aircraft incident report: auxiliary power unit battery fire, Japan airlines boeing 787-8, JA829J, Boston, Massachusetts, January 7, 2013 [R]. Washington: National Transportation Safety Board, 2014.

[54] GOTO N, ENDO S, ISHIKAWA T, et al. Aircraft serious incident investigation report: All Nippon Airways Co. Ltd. JA804A [R]. Tokyo: Japan Transport Safety Board, 2014.

[55] BARILLAS J K, LI J, GÜNTHER C, et al. A comparative study and validation of state estimation algorithmsfor Li-ion batteries in battery management systems[J]. Applied Energy, 2015, 155: 455-462.

[56] YANG W, YANG W, FENG J N, et al. A polypyrrole-coated acetylene black/sulfur composite cathodematerial for lithium-sulfur batteries[J]. Journal of Energy Chemistry, 2018, 27(3): 813-819.

[57] CHO T H, TANAKA M, OHNISHI H, et al. Composite nonwoven separator for lithium-ion battery: development and characterization[J]. Journal of Power Sources, 2010, 195(13): 4272-4277.

[58] KALHOFF J, ESHETU G G, BRESSER D, et al. Safer electrolytes for lithium-ion batteries: state of the art and perspectives [J]. ChemSusChem, 2015, 8(13): 2154-2175.

[59] 许骏，王璐冰，刘冰河．锂离子电池机械完整性研究现状和展望[J]．汽车安全与节能学报, 2017, 8(1): 15-29.

[60] 郑文杰．车用动力电池的挤压力学响应特性研究及碰撞安全性分析[D]．广州：华南理工大学, 2018.

[61] PING P, WANG Q S, HUANG P F, et al. Thermal behaviour analysis of lithium-ion

battery at elevated temperature using deconvolution method [J]. Applied Energy, 2014, 129: 261-273.

[62] SAMBA A, OMAR N, GUALOUS H, et al. Impact of tab locationon large format lithium-ion pouch cell based on fully coupled tree-dimensional electrochemical-thermal modeling [J]. Electrochimica Acta, 2014, 147: 319-329.

[63] CHEN M, ZHOU D, CHEN X, et al. Investigation on the thermal hazards of 18650 lithium ion batteries by fire calorimeter [J]. Journal of Thermal Analysis and Calorimetry, 2015, 122(2): 755-763.

[64] SUN Q, JIANG L, GONG L, et al. Experimental study on thermal hazard of tributyl phosphate-nitric acid mixtures using micro calorimeter technique [J]. Journal of Hazardous Materials, 2016, 314: 230-236.

[65] JHU C Y, WANG Y W, SHU C M, et al. Thermal explosion hazards on 18650 lithium ion batteries with a VSP2 adiabatic calorimeter [J]. Journal of Hazardous Materials, 2011, 192(1): 99-107.

[66] RIBIÈRE P, GRUGEON S, MORCRETTE M, et al. Investigation on the fire-induced hazards of li-ion battery cells by fire calorimetry [J]. Energy & Environmental Science, 2012, 5(1): 5271-5280.

[67] AVDEEV I, GILAKI M. Structural analysis and experimental characterization of cylindrical lithium-ion battery cells subject to lateral impact [J]. Journal of Power Sources, 2014, 271: 382-391.

[68] GREVE L, FEHRENBACH C. Mechanical testing and macro-mechanical finite element simulation of the deformation, fracture, and short circuit initiation of cylindrical lithium ion battery cells [J]. Journal of Power Sources, 2012, 214: 377-385.

[69] SAHRAEI E, CAMPBELL J, WIERZBICKI T. Modeling and short circuit detection of 18650 Li-ion cells under mechanical abuse conditions [J]. Journal of Power

Sources, 2012, 220(4): 360-372.

[70] WIERZBICKI T, SAHRAEI E. Homogenized mechanical properties for the jellyroll of cylindrical Lithium-ion cells [J]. Journal of Power Sources, 2013, 241(6): 467-476.

[71] SAHRAEI E, HILL R, WIERZBICKI T. Calibration and finite element simulation of pouch lithium-ion batteries for mechanical integrity [J]. Journal of Power Sources, 2012, 201(3): 307-321.

[72] SAHRAEI E, MEIER J, WIERZBICKI T. Characterizing and modeling mechanical properties and onset of short circuit for three types of lithium-ion pouch cells [J]. Journal of Power Sources, 2014, 247(2): 503-516.

[73] ALI M Y, LAI W, PAN J. Computational models for simulations of lithium-ion battery cells under constrained compression tests [J]. Journal of Power Sources, 2013, 242(10): 325-340.

[74] LAI W J, ALI M Y, PAN J. Mechanical behavior of representative volume elements of lithium-ion battery cells under compressive loading conditions [J]. Journal of Power Sources, 2014, 245(14): 609-623.

[75] LAI W J, ALI Y, PAN J. Mechanical behavior of representative volume elements of lithium-ion battery cells under various loading conditions [J]. Journal of Power Sources, 2014, 248(20): 789-808.

[76] SAHRAEI E, KAHN M, MEIER J, et al. Modelling of cracks developed in lithium-ion cells under mechanical loading [J]. The Royal Society of Chemistry, 2015, 5(98): 80369-80380.

[77] LIU B H, JIA Y K, YUAN C H, et al. Safety issues and mechanisms of lithium-ion battery cell upon mechanical abusive loading: a review [J]. Energy Storage Materials, 2020, 24: 85-112.

[78] PAN Z X, ZHAO P Y, WEI X Q, et al. Characterization of metal foil in anisotropic

fracture behavior with dynamic tests [R]. New York: SAE International, 2018.

[79] LI W, XIA Y, CHEN G H, et al. Comparative study of mechanical-electrical-thermal responses of pouch, cylindrical, and prismatic lithium-ion cells under mechanical abuse [J]. Science China Technological Sciences, 2018, 61(10): 1472-1482.

[80] ZHANG X W, WIERZBICKI T. Characterization of plasticity and fracture of shell casing of lithium-ion cylinderical battery [J]. Journal of Power Sources, 2015, 280(8): 47-56.

[81] ZHU J, ZHANG X W, WIERZBICKI T, et al. Structural designs for electric vehicle battery pack against ground impact [R]. New York: SAE International, 2018.

[82] HORIBA T. Lithium-ion battery systems [J]. Proceedings of the IEEE, 2014, 102(6): 939-950.

[83] NAGASUBRAMANIAN G, ORENDORFF C. Hydrofluoroether electrolytes for lithium-ion batteries: reduced gas decomposition and nonflammable [J]. Journal of Power Sources, 2011, 196(20): 8604-8609.

[84] ORENDORFF C J, ROTH E P, NAGASUBRAMANIAN G. Experimental triggers for internal short circuits in lithium-ion cells [J]. Journal of Power Sources, 2011, 196(2): 6554-6558.

[85] ZHU J, ZHANG X W, SAHRAEI E, et al. Deformation and failure mechanisms of 18650 battery cells under axial compression [J]. Journal of Power Sources, 2016, 336(20): 332-340.

[86] WANG L, YIN S, YU Z X, et al. Unlocking the significant role of shell material for lithium-ion battery safety [J]. Materials & Design, 2018, 160: 601-610.

[87] HAO W Q, XIE J M, WANG F H, et al. Strain rate effect and micro-buckling behavior of anisotropy macromolecular separator for lithium-ion battery [J]. Express Polymer Letters, 2020, 14(3): 206-219.

[88] HAO W Q, KONG D C, XIE J M, et al. Self-polymerized dopamine nanoparticles

modified separators for improving electrochemical performance and enhancing mechanical strength of lithium-ion batteries [J]. Polymers, 2020, 12(3), 648.

[89] ROLAND C M, TWIGG J N, VU Y, et al. High strain rate mechanical behavior of polyurea [J]. Polymer, 2007, 48(2): 574-578.

[90] ALEXANDER J M. An approximate analysis of the collapse of thin cylindrical shells under axial loading [J]. The Quarterly Journal of Mechanics and Applied Mathematics, 1960, 13: 10-15.

[91] ABRAMOWICZ W, JONES N. Dynamic axial crushing of circular tubes [J]. International Journal of Impact Engineering, 1984, 2(3): 263-281.

[92] SINGACE A A, ELSOBKY H, REDDY T Y. On the eccentricity factor in the progressive crushing of tubes [J]. International Journal of Solids and Structures, 1995, 32(24): 3589-3602.

[93] ARORA P, ZHANG Z M. Battery separators [J]. Chemical Reviews, 2004, 104: 4419-4462.

[94] ZHANG S S. A review on the separators of liquid electrolyte li-ion batteries [J]. Journal of Power Sources, 2007, 164: 351-364.

[95] XU J, WANG L, GUAN J, et al. Coupled effect of strain rate and solvent on dynamic mechanical behaviors of separators in lithium ion batteries [J]. Materials & Design, 2016, 95: 319-328.

[96] ZHANG X, ZHU J, SAHRAEI E. Degradation of battery separators under charge-discharge cycles [J]. RSC Advances, 2017, 7(88): 56099-56107.

[97] ZHANG X W, SAHRAEI E, WANG K. Li-ion battery separators, mechanical integrity and failure mechanisms leading to soft and hard internal shorts [J]. Scientific Reports, 2016, 6: 32578.

[98] KALNAUS S, WANG Y, TURNER J. Mechanical behavior and failure mechanisms of Li-ion battery separators [J]. Journal of Power Sources, 2017, 348: 255-263.

[99] FANG L F, SHI J L, ZHU B K, et al. Facile introduction of polyether chains onto polypropylene separators and its application in lithium ion batteries [J]. Journal of Membrane Science, 2013, 448: 143-150.

[100] SHI J L, FANG L F, LI H, et al. Improved thermal and electrochemical performances of PMMA modified PE separator skeleton prepared via dopamine-initiated ATRP for lithium ion batteries [J]. Journal of Membrane Science, 2013, 437: 160-168.

[101] JEONG K U, CHAE H D, LIM C I, et al. Fabrication and characterization of electrolyte membranes based on organoclay/tripropyleneglycol diacrylate/poly (vinylidene fluoride) electrospun nanofiber composites [J]. Polymer International, 2009, 59(2): 249-255.

[102] GAO K, HU X G, YI T F, DAI C. PE-g-MMA polymer electrolyte membrane for lithium polymer battery [J]. Electrochimica Acta, 2006, 52(2): 443-449.

[103] LI H, MA X T, SHI J L, et al. Preparation and properties of poly(ethylene oxide) gel filled polypropylene separators and their corresponding gel polymer electrolytes for Li-ion batteries [J]. Electrochimica Acta, 2011, 56(6): 2641-2647.

[104] HAO W Q, BO X Q, XIE J M, et al. Mechanical properties of macromolecular separators for lithium-ion batteries based on nanoindentation experiment [J]. Polymers, 2022，14(17): 3664.

[105] HAO W Q, ZHANG P, XIE J M, et al. Investigation of impact performance of perforated plates and effects of the perforation arrangement and shape on failure mode [J]. Engineering Failure Analysis, 2022, 140: 106638.

[106] XIE J M, HAO W Q, WANG F H. Interface strength analysis of the corrugated anode-electrolyte interface in solid oxide fuel cell characterized by peel force [J]. Journal of Power Sources, 2018, 396: 141-147.

[107] XIE J M, HAO W Q, WANG F H. The analysis of interfacial thermal stresses of

solid oxide fuel cell applied for submarine power [J]. International Journal of Energy Research, 2018, 42(5): 1-11.

[108] XIE J M, HAO W Q, WANG F H. Crack propagation of planar and corrugated solid oxide fuel cells during cooling process [J]. International Journal of Energy Research, 2019, 43(7): 3020-3027.

[109] XIE J M, HAO W Q, WANG F H. Analysis of anode functional layer for minimizing thermal stress in solid oxide fuel cell [J]. Applied Physics A-Materials Science & Processing, 2017, 123(10): 656.

[110] XIE J M, HAO W Q, WANG F H. Parametric study on interfacial crack propagation in solid oxide fuel cell based on electrode material [J]. International Journal of Hydrogen Energy, 2022, 47(12): 7975-7989.

[111] LIU B H, ZHAO H, YU H L, et al. Multiphysics computational framework for cylindrical lithium-ion batteries under mechanical abusive loading [J]. Electrochimica Acta, 2017, 256: 172-184.

[112] FINEGAN D P, TJADEN B, HEENAN T M M, et al. Tracking internal temperature and structural dynamics during nail penetration of lithium-ion cells [J]. Journal of the Electrochemical Society, 2017, 164(13): A3285-A3291.

[113] XU J, LIU B H, HU D Y. State of charge dependent mechanical integrity behavior of 18650 lithium-ion batteries [J]. Scientific Reports, 2016(1), 6: 21829.

[114] MAO R W, LU G X, WANG Z H, et al. Large deflection behavior of circular sandwich plates with metal foam-core [J]. European Journal of Mechanics-A/ Solids, 2016, 55: 57-66.

[115] HAO W Q, XIE J M, WANG F H. Theoretical prediction of the progressive buckling and energy absorption of the sinusoidal corrugated tube subjected to axial crushing [J]. Computers and Structures, 2017, 191: 12-21.

[116] LIANG H Y, SUN B H, HAO W Q, et al. Crashworthiness of lantern-like lattice

structures with a bidirectional gradient distribution [J]. International Journal of Mechanical Sciences, 2022, 236: 107746.

[117] LIANG H Y, HAO W Q, SUN H, et al. On design of novel bionic bamboo tubes for multiple compression load cases [J]. International Journal of Mechanical Sciences, 2022, 218: 107067.

[118] WANG P, HAO W Q, XIE J M, et al. Primary creep X80 pipeline steel at room temperature using molecular dynamics simulation [J]. Applied Physics A: Materials Science and Processing, 2022, 128(3): 204.

[119] LIANG H Y, HAO W Q, XUE G L, et al. Parametric design strategy of a novel self-similar hierarchical honeycomb for multi-stage energy absorption demand [J]. International Journal of Mechanical Sciences, 2022, 217: 107029.

[120] WANG P, HAO W Q, XIE J M, et al. Stress triaxial constraint and fracture toughness properties of X90 pipeline steel [J]. Metals, 2022, 12(1): 72.

[121] JIN M Z, YIN G S, HAO W Q, et al. Energy absorption characteristics of multi-cell tubes with different cross-sectional shapes under quasi-static axial crushing [J]. International Journal of Crashworthiness, 2022, 27(2): 565-580.

[122] YAO R Y, HAO W Q, YIN G S, et al. Analytical model of circular tube with wide external circumferential grooves under axial crushing [J]. International Journal of Crashworthiness, 2020, 25(5): 527-535.

[123] YAO R Y, YIN G S, HAO W Q, et al. Axial buckling modes and crashworthiness of circular tube with external linear gradient grooves [J]. Thin-Walled Structures, 2019, 134: 395-406.

[124] LIU Z F, HAO W Q, QIN Q H. Buckling and energy absorption of novel pre-folded tubes under axial impacts [J]. Applied Physics A: Materials Science and Processing, 2017, 123(5): 351.

[125] WANG P, ZHI J R, HAO W Q, et al. Room temperature creep behaviors of base

metal and welding materials for X80 pipeline steel [J]. Materials Science and Engineering A, 2022, 856: 144038.

[126] XIE J M, LI J Y, HAO W Q, et al. Influence of interface morphology on the thermal stress distribution of sofc under inhomogeneous temperature field [J]. Energies, 2023, 16（21）: 7349.

[127] HAO W Q, XIE J M, WANG F H. Theoretical prediction for large deflection with local indentation of sandwich beam under quasi-static lateral loading[J]. Composite Structures, 2018, 192: 206-216.

[128] DESHPANDE V S, FLECK N. Isotropic constitutive models for metallic foams [J]. Journal of the Mechanics and Physics of Solids, 2000, 48(6-7): 1253-1283.

[129] WIERZBICKI T, HOO FATT M S. Impact response of a string-on-plastic foundation [J]. International Journal of Impact Engineering, 1992, 12(1): 21-36.

[130] XIE Z Y, ZHENG Z J, YU J L. Localized indentation of sandwich panels with metallic foam core: analytical models for two types of indenters [J]. Composites Part B Engineering, 2013, 44(1): 212-217.

[131] HAO W Q, XIE J M, WANG F H, et al. Analytical model of thin-walled corrugated tubes with sinusoidal patterns under axial impacting [J]. International Journal of Mechanical Sciences, 2017, 128-129: 1-16.

[132] CAI W, WANG H, MALEKI H, et al. Experimental simulation of internal short circuit in Li-ion and Li-ion-polymer cells [J]. Journal of Power Sources, 2011, 196(18): 7779-7783.

[133] ZHANG C, SANTHANAGOPALAN S, SPRAGUE M A, et al. A representative-sandwich model for simultaneously coupled mechanical-electrical-thermal simulation of a lithium-ion cell under quasi-static indentation tests [J]. Journal of Power Sources, 2015, 298: 309-321.

[134] GOLMON S, MAUTE K, DUNN M L. Numerical modeling of electrochemical-

mechanical interactions in lithium polymer batteries [J]. Computers & Structures, 2009, 87: 1567-1579.

[135] LAI W J, ALI M Y, PAN J. Mechanical behavior of representative volume elements of lithium-ion battery cells under compressive loading conditions [J]. Journal of Power Sources, 2014, 245: 609-623.

[136] WANG H, KUMAR A, SIMUNOVIC S, et al. Progressive mechanical indentation of large-format Li-ion cells [J]. Journal of Power Sources, 2017, 341: 156-164.

[137] AMIRI S, CHEN X, MANES A, et al. Investigation of the mechanical behaviour of lithium-ion batteries by an indentation technique [J]. International Journal of Mechanical Sciences, 2016, 105: 1-10.

[138] XU J, LIU B H, WANG L B, et al. Dynamic mechanical integrity of cylindrical lithium-ion battery cell upon crushing [J]. Engineering Failure Analysis, 2015, 53: 97-110.

[139] XU J, LIU B H, WANG X Y, et al. Computational model of 18650 lithium-ion battery with coupled strain rate and SOC dependencies [J]. Applied Energy, 2016, 172: 180-189.

[140] LIU B H, ZHAO H, YU H L, et al. Multiphysics computational framework for cylindrical lithium-ion batteries under mechanical abusive loading [J]. Electrochimica Acta, 2017, 256: 172-184.

[141] LIU B H, YIN S, XU J. Integrated computation model of lithium-ion battery subject to nail penetration [J]. Applied Energy, 2016, 183: 278-289.

[142] HAO W Q, XIE J M, Bo X Q, et al. Resistance exterior force property of lithium-ion pouch batteries with different positive materials [J]. International Journal of Energy Research, 2019, 43(14): 4976-4986.

[143] HAO W Q, XIE J M, WANG F H. The indentation analysis triggering internal short circuit of lithium-ion pouch battery based on shape function theory [J].

International Journal of Energy Research, 2018, 42: 3696-3703.

[144] XIAO D B, MU L, ZHAO G P. Indentation response of sandwich panels with positive gradient metallic cellular core [J]. Journal of Sandwich Structures & Materials, 2015, 17(6): 597-612.

[145] YANG X G, LENG Y J, ZHANG G S, et al. Modeling of lithium plating induced aging of lithium-ion batteries: transition from linear to nonlinear aging [J]. Journal of Power Sources, 2017, 360: 28-40.

[146] LEE H, YANILMAZ M, TOPRAKCI O, et al. A review of recent developments in membrane separators for rechargeable lithium-ion batteries [J]. Energy & Environmental Science, 2014, 7: 3857-3886.

[147] ZHU Y, YIN M, LIU H S, et al. Modification and characterization of electrospun poly (vinylidene fluoride)/poly (acrylonitrile) blend separator membranes [J]. Composites Part B: Engineering, 2017, 112: 31-37.

[148] ZHANG X W, SAHRAEI E, WANG K. Deformation and failure characteristics of four types of lithium-ion battery separators [J]. Journal of Power Sources, 2016, 327: 693-701.

[149] KALNAUS S, WANG Y L, LI J L, et al. Temperature and strain rate dependent behavior of polymer separator for Li-ion batteries [J]. Extreme Mechanics Letters, 2018, 20: 73-80.

[150] BEGLEY M R, MACKIN T J. Spherical indentation of freestanding circular thin films in the membrane regime [J]. Journal of the Mechanics and Physics of Solids, 2004, 52: 2005-2023.

[151] ZHOU Y X, MALLICK P. Effects of temperature and strain rate on the tensile behavior on unfilled and talc-filled polypropylene. Part I: experiments [J]. Polymer Engineering and Science, 2002, 42: 2449-2460.

[152] FRIEDL N, RAMMERSTORFER F G, FISCHER F D. Buckling of stretched strips

[J]. Computers & Structures, 2000, 78: 185-190.

[153] WARD I M, SWEENEY J. Mechanical properties of solid polymers [M]. New York: John Wiley & Sons Press, 2012.

[154] KIM M, KIM J K, PARK J H. Clay nanosheets in skeletons of controlled phase inversion separators for thermally stable Li-ion batteries [J]. Advanced Functional Materials, 2015, 25: 3399-3404.

[155] KIM J Y, LEE Y, LIM D Y. Plasma-modified polyethylene membrane as a separator for lithium-ion polymer battery [J]. Electrochimica Acta, 2009, 54: 3714-3719.

[156] CHIAPPONE A, NAIR J R, GERBALDI C, et al. UV-cured Al_2O_3-laden cellulose reinforced polymer electrolyte membranes for Li-based batteries [J]. Electrochimica Acta, 2015, 153: 97-105.

[157] LEE J Y, LEE Y M, BHATTACHARYA B, et al. Separator grafted with siloxane by electron beam irradiation for lithium secondary batteries [J]. Electrochimica Acta, 2009, 54: 4312-4315.

[158] LEE H, DELLATORE S M, MILLER W M, et al. Mussel-inspired surface chemistry for multifunctional coatings [J]. Science, 2007, 318: 426-430.

[159] RYOU M, LEE Y M, PARK J, et al. Mussel-inspired polydopamine-treated polyethylene separators for high-power Li-ion batteries [J]. Advanced Materials, 2011, 23(27): 3066-3070.

[160] SARADA T, SAWYER L C, OSTLER M I. Three dimensional structure of celgard® microporous membranes [J]. Journal of Membrane Science, 1983, 15: 97-113.

[161] HONG S, NA Y S, CHOI S, et al. Non-covalent self-assembly and covalent polymerization co-contribute to polydopamine formation [J]. Advanced Functional Materials, 2012, 22: 4711-4717.

[162] WEI Q, ZHANG F L, LI J, et al. Oxidant-induced dopamine polymerization for multifunctional coatings [J]. Polymer Chemistry, 2010, 1(9): 1430-1433.

[163] MARTINEZ-CISNEROS C, ANTONELLI C, LEVENFELD B, et al. Evaluation of polyolefin-based macroporous separators for high temperature Li-ion batteries [J]. Electrochimica Acta, 2016, 216: 68-78.

[164] CHO K, SAHEB D N, CHOI J, et al. Real time in situ X-ray diffraction studies on the melting memory effect in the crystallization of β-isotactic polypropylene [J]. Polymer, 2002, 43: 1407-1416.

[165] CHEN X D, XU R J, XIE J Y, et al. The study of room-temperature stretching of annealed polypropylene cast film with row-nucleated crystalline structure [J]. Polymer, 2016, 94: 31-42.

[166] CHEN D J, ZHOU Z Q, FENG C, et al. An upgraded lithium lon battery based on a polymeric separator incorporated with anode active materials[J]. Advanced Energy Materials, 2019, 9: 1803627.

[167] SAHRAEI E, WIERZBICKI T, HILL R, et al. Crash safety of lithium-lon batteries towards development of a computational model [J]. SAE International, 2010, 2010-01-1078.

[168] JONES N. Structural impact [M]. Cambridge: Cambridge University Press, 2011.

[169] LU G X, YU T X. Energy absorption of structures and materials [M]. Cambridge: Woodhead Publishing Limited, 2003.

[170] KARAGIOZOVA D, JONES N. Dynamic effects on buckling and energy absorption of cylindrical shells under axial impact [J]. Thin-Walled Structures, 2001, 39(7): 583-610.

[171] SINGACE A A, ELSOBKY H. Further experimental investigation on the eccentricity factor in the progressive crushing of tubes [J]. International Journal of Solids and Structures, 1996, 33(24): 3517-3538.

[172] SINGACE A A. Axial crushing analysis of tubes deforming in the multi-lobe mode [J]. International Journal of Mechanical Sciences, 1999, 41(7): 865-890.

[173] JIANG W, YANG J L. Energy-absorption behavior of a metallic double-sine-wave beam under axial crushing [J]. Thin-Walled Structures, 2009, 47(11): 1168-1176.

[174] HOU K W, YANG J L, LIU H, et al. Energy absorption behavior of metallic staggered double-sine-wave tubes under axial crushing [J]. Journal of Mechanical Science and Technology, 2015, 29(6): 2439-2449.

[175] LIU Z F, HAO W Q, XIE J M, et al. Axial-impact buckling modes and energy absorption properties of thin-walled corrugated tubes with sinusoidal patterns [J]. Thin-Walled Structures, 2015, 94: 410-423.

[176] CHEN D H, OZAKI S. Circumferential strain concentration in axial crushing of cylindrical and square tubes with corrugated surfaces [J]. Thin-Walled Structures, 2009, 47(5): 547-554.

[177] CHEN D H, OZAKI S. Numerical study of axially crushed cylindrical tubes with corrugated surface[J]. Thin-Walled Structures, 2009, 47(11): 1387-1396.

[178] YE L, LU G , YANG J L. An analytical model for axial crushing of a thin-walled cylindrical shell with a hollow foam core [J]. Thin-Walled Structures, 2011, 49(11): 1460-1467.

[179] CHEN W G , WIERZBICKI T. Torsional collapse of thin-walled prismatic columns [J]. Thin-Walled Structures, 2000, 36(3):181-196.

[180] WIERZBICKI T, ABRAMOWICZ W. On the crushing mechanics of thin-walled structures [J]. Journal of Applied Mechanics, 1983, 50(4a): 727-734.

[181] ABRAMOWICZ W, WIERZBICKI T. Axial crushing of multicorner sheet metal columns [J]. Journal of Applied Mechanics, 1989, 56(1): 113-120.

[182] ZHANG X, CHENG G D, ZHANG H. Theoretical prediction and numerical simulation of multi-cell square thin-walled structures [J]. Thin-Walled Structures, 2006, 44(11): 1185-1191.

[183] WIERZBICKI T, BHAT S U, ABRAMOWICZ W, et al. Alexander revisited—a two

folding elements model of progressive crushing of tubes [J]. International Journal of Solids and Structures, 1992, 29(24): 3269-3288.

[184] CALLADINE C R, ENGLISH R W. Strain-rate and inertia effects in the collapse of two types of energy-absorbing structure[J]. International Journal of Mechanical Sciences, 1984, 26(11-12): 689-701.

[185] GAO Z Y, YU T X, LU G. A study on Type II structures. Part I: a modified one-dimensional mass-spring model[J]. International Journal of Impact Engineering, 2005, 31(7): 895-910.

[186] GAO Z Y, YU T X, LU G. A study on Type II structures. Part II: dynamic behavior of a chain of pre-bent plates[J]. International Journal of Impact Engineering, 2005, 31(7): 911-926.

[187] TAM L L, CALLADINE C R. Inertia and strain-rate effects in a simple plate-structure under impact loading[J]. International Journal of Impact Engineering, 1991, 11(3): 349-377.

[188] GUILLOW S R, LU G , GRZEBIETA R H. Quasi-static axial compression of thin-walled circular aluminium tubes[J]. International Journal of Mechanical Sciences, 2001, 43(9): 2103-2123.

[189] HUANG X, LU G X. Axisymmetric progressive crushing of circular tubes [J]. International Journal of Crashworthiness, 2003, 8(1): 87-95.

[190] EYVAZIAN A, HABIBI M K, HAMOUDA A M, et al. Axial crushing behavior and energy absorption efficiency of corrugated tubes[J]. Materials & Design, 2014, 54: 1028-1038.

附录　部分彩图

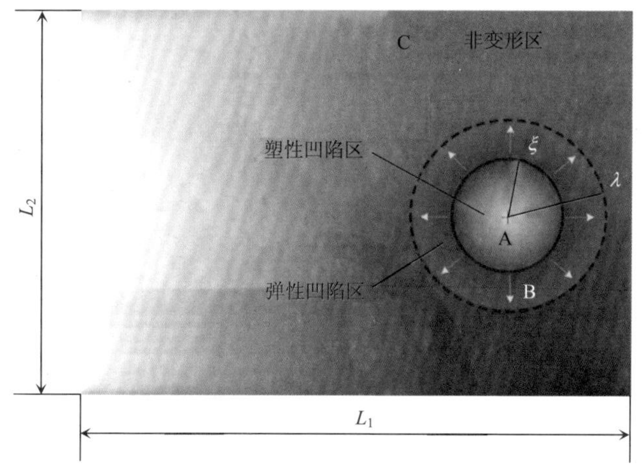

（a）塑性凹陷区（区域 A：$r \leqslant \xi$），弹性凹陷区（区域 B：$\xi \leqslant r \leqslant \lambda$），非变形区（区域 C：$r \geqslant \lambda$）

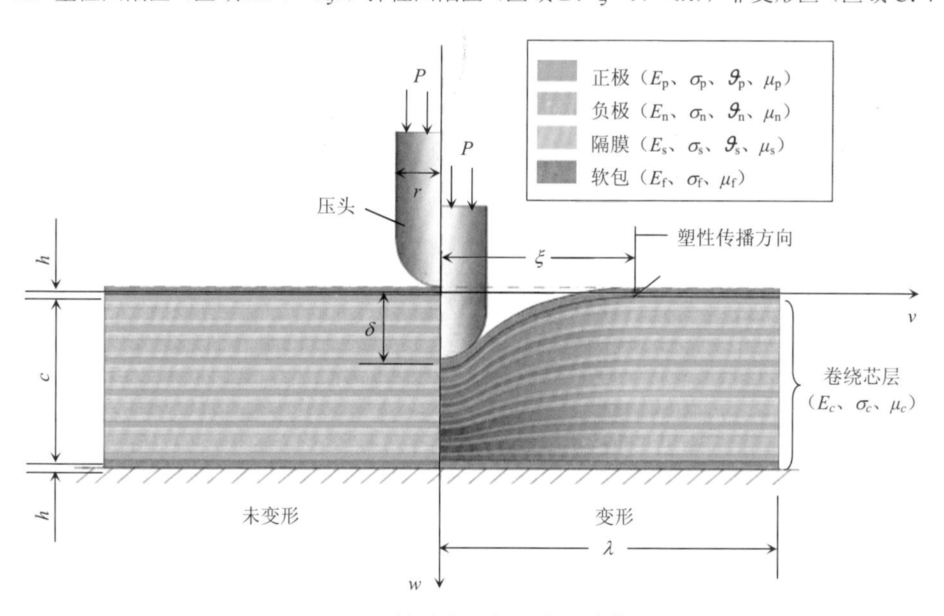

（b）轴对称局部凹陷理论模型

图 2.1　锂离子聚合物电池在准静态球形压头载荷 P 作用下的局部凹陷示意图

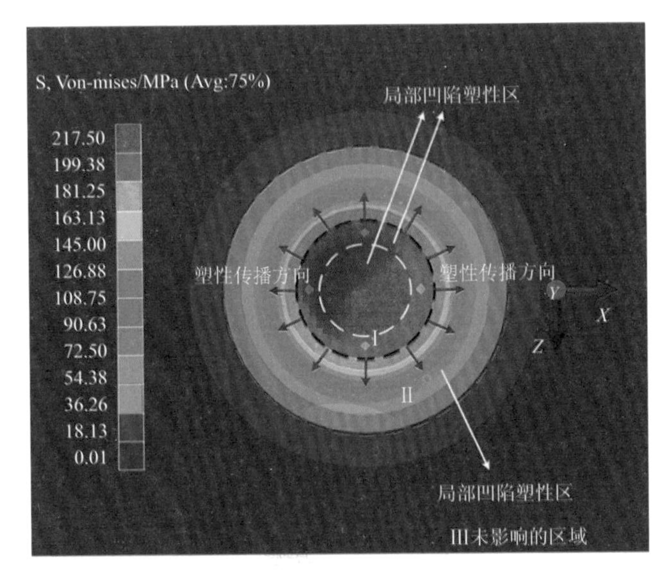

（c）环形塑性扩展区域和 von Mises 应力分布

图 3.8　变形区域随不同压缩位移变化的理论和有限元结果

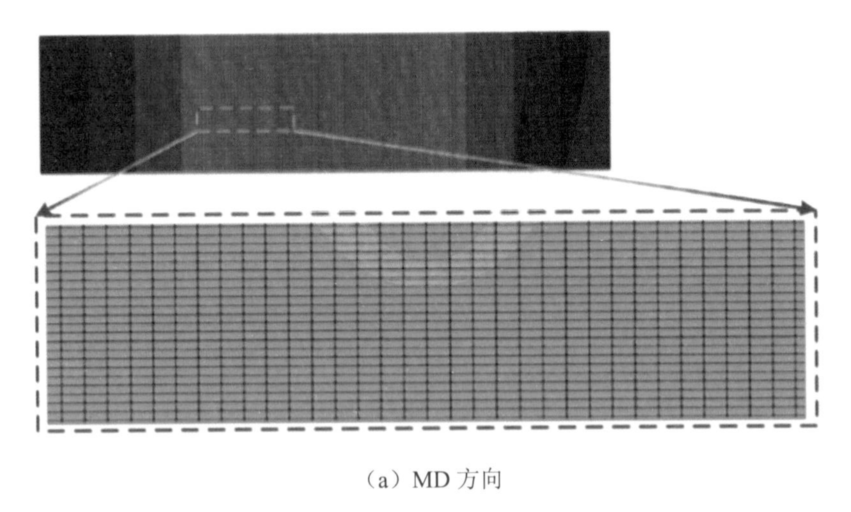

（a）MD 方向

图 4.4　Celgard 2325 隔膜在单轴拉伸下的有限元结果和实验结果对比

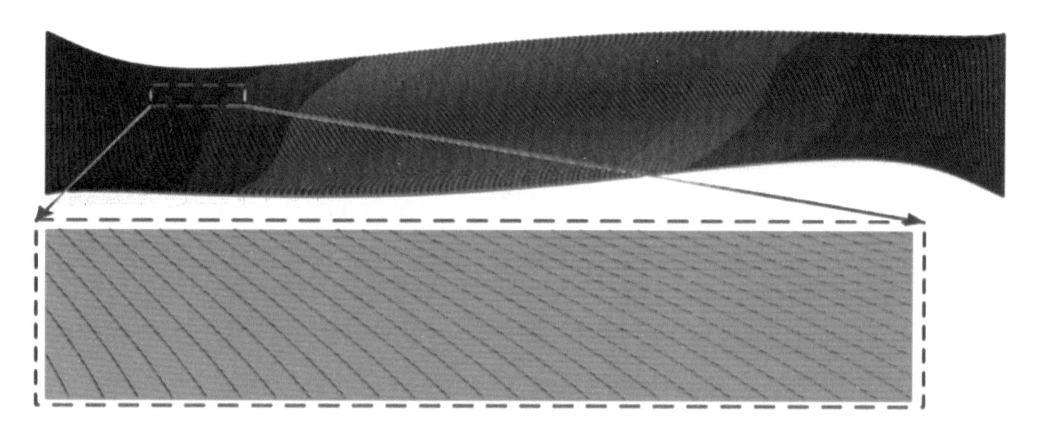

（b）DD 方向

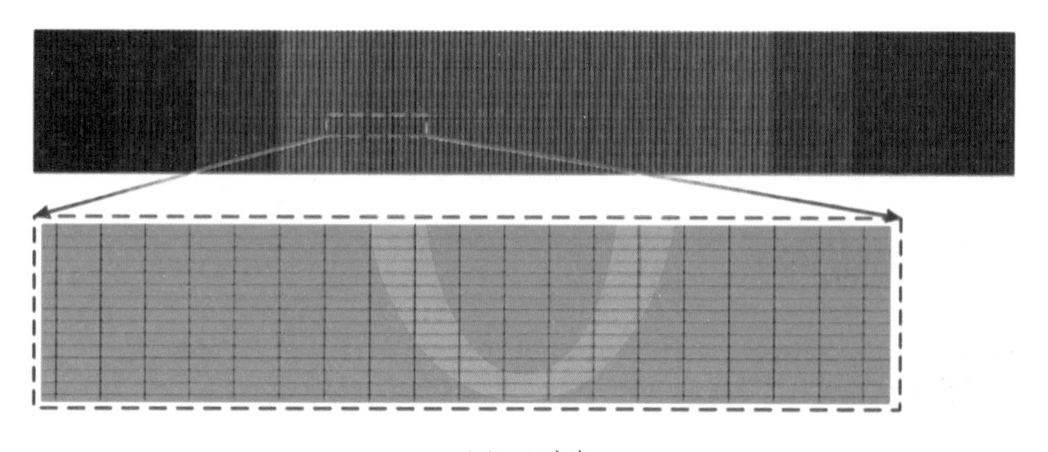

（c）TD 方向

图 4.4 Celgard 2325 隔膜在单轴拉伸下的有限元结果和实验结果对比

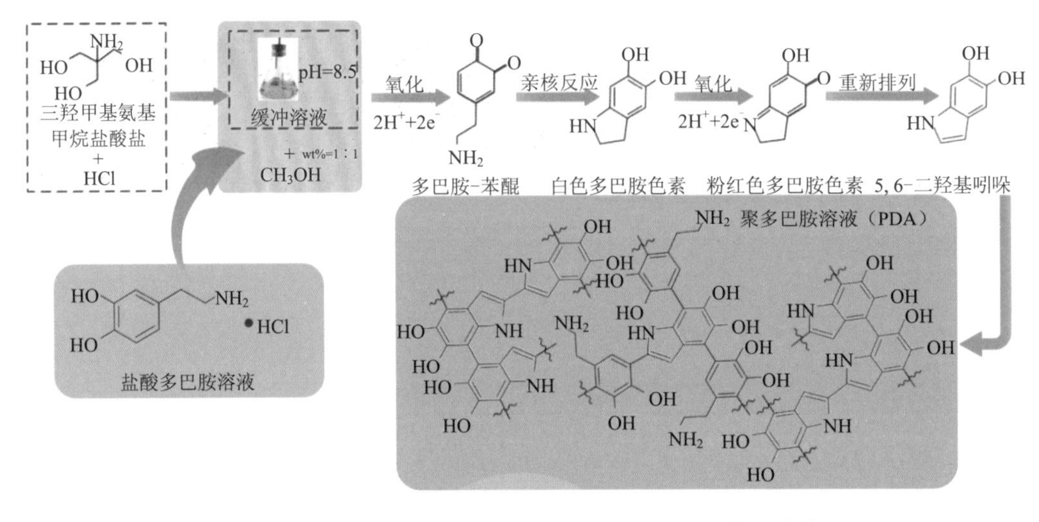

（a）多巴胺的聚合机理　　（b）聚多巴胺的化学结构

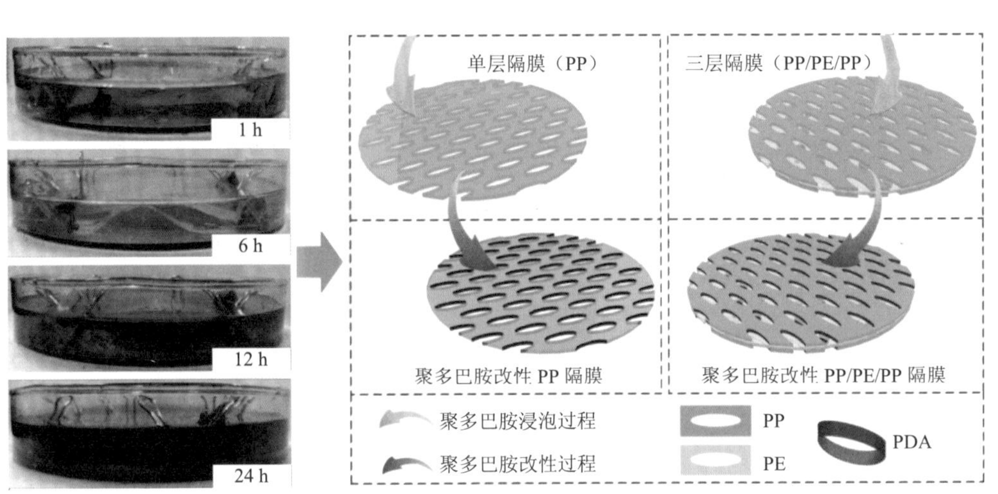

（c）聚多巴胺改性隔膜以及多巴胺溶液随浸泡时间的变化　　（d）通过浸泡法制备聚多巴胺改性隔膜的示意图

图 5.1　聚多巴胺改性隔膜的制备原理示意图

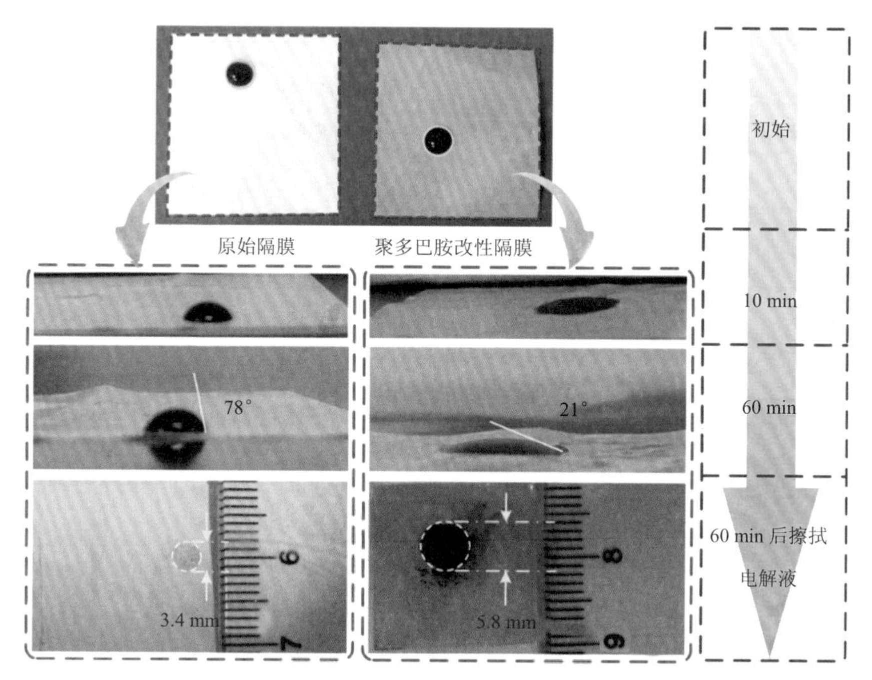

（c）改性隔膜和原始隔膜分别产生了 21° 和 78° 的接触角，接触面积分别为 26.41 mm^2 和 9.07 mm^2

图 5.7　隔膜的吸液性能和电解液在隔膜表面接触随时间的变化情况

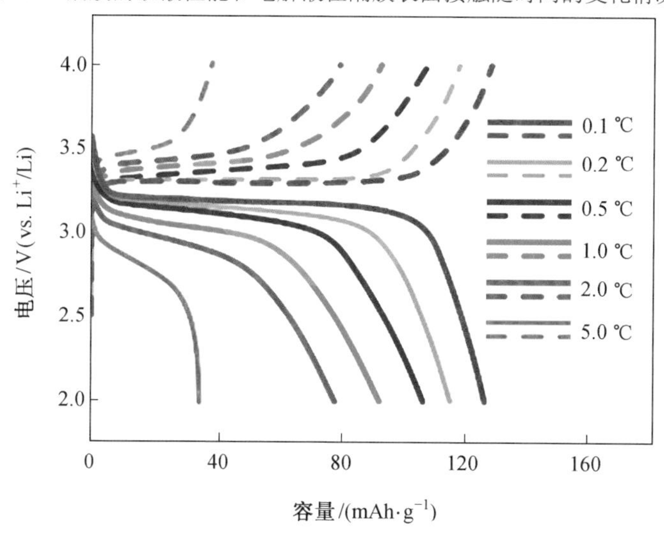

（b）原始 PP 隔膜和原始 PP/PE/PP 隔膜在 0.1～5.0 ℃放电倍率下的恒电流充放电曲线②

图 5.8　分别组装有原始隔膜和聚多巴胺改性隔膜的纽扣式半电池的电化学性能

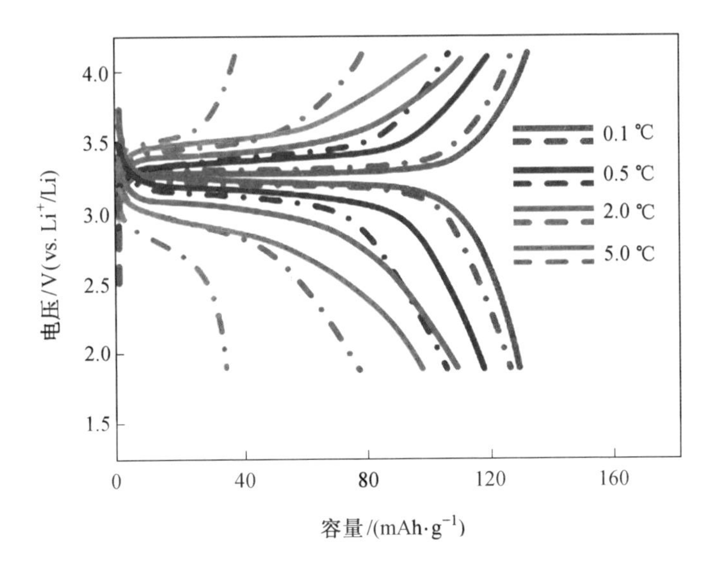

（c）原始隔膜和聚多巴胺改性隔膜在不同倍率下（0.1 ℃、0.5 ℃、2.0 ℃和 5.0 ℃）的恒电流充放电曲线①

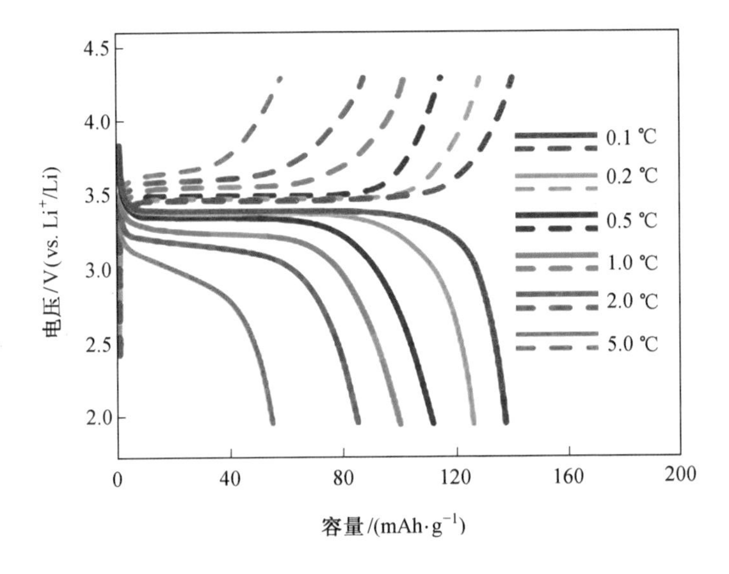

（e）原始 PP 隔膜和原始 PP/PE/PP 隔膜在 0.1～5.0 ℃放电倍率下的恒电流充放电曲线②

图 5.8　分别组装有原始隔膜和聚多巴胺改性隔膜的纽扣式半电池的电化学性能

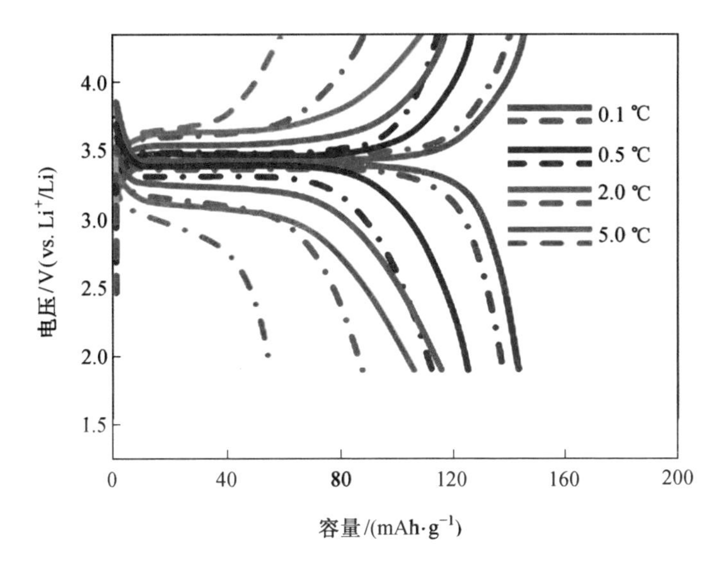

（f）原始隔膜和聚多巴胺改性隔膜在不同倍率下（0.1 ℃、0.5 ℃、2.0 ℃和 5.0 ℃）的恒电流充放电曲线②

图 5.8　分别组装有原始隔膜和聚多巴胺改性隔膜的纽扣式半电池的电化学性能

名词索引

Y

Z